自然百科
009

在家玩

科學實驗圖鑑

晨星出版

前言

　　各位喜歡「魔術」嗎？顏色突然改變，或是明明應該消失的東西卻又突然跑出來的科學實驗和魔術的感覺其實非常類似。魔術通常設有「機關」，透過科學實驗所產生的變化卻有其「科學的道理」存在。

　　本書透過精美的圖片向各位介紹一些在家中就可以完成的有趣實驗，同時也會說明實驗的方法以及「為什麼會變成這樣的科學理由」。像是原本沒有任何東西的杯子中竟然會出現調色水（P.74）、原本不會浮在水中的彈珠竟然浮起來了（P.94）、鬆餅可以變成藍色或是粉紅色（P.126）等，各位應該會很好奇「為什麼會這樣？」進而發現許多不可思議的事物。

　　希望各位不要只是翻閱，請實際跟著本書一起動手做做看吧！即使看著圖片就已經知道實驗結果，但是當這些結果實際在眼前發生時，一定還是會很驚訝地說：「哇！好厲害！」

　　然而，請務必要有成人陪同一起實驗，因為有些實驗會使用到火，享受實驗的樂趣時也請注意不要受傷或是釀成火災！

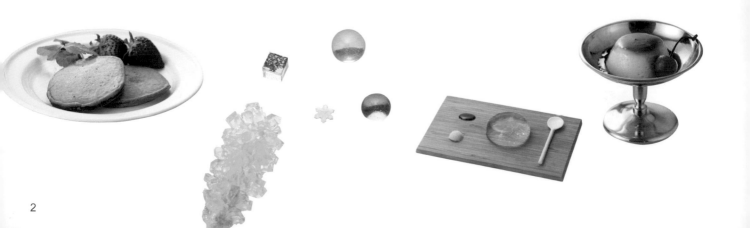

～給在家中的各位～

隨著新型冠狀病毒肺炎的疫情持續擴大，我們發現「過去那樣的生活已經不再是『理所當然』」。相信每個人都能夠實際感受到這個世界已經發生變化，而且變得難以預測。我們每天持續被「自我思考力」的重要性以及困難度所考驗著。

那麼，個人該如何學習自我思考力呢？這種能力必須在處理過「沒有寫在教科書上、沒有正確答案的問題」後才得以學會。然而截至目前為止，日本的學校教育是「老師用教科書教導學生」、「用有正確解答的考試來確認、評估學生是否能夠理解教學的內容」，幾乎不會去「處理那些沒有正確答案的問題」。

「動動自己的雙手、用肉眼去看眼前所發生的現象、找出問題、用自己的大腦去思考」，我認為這樣的體驗只有可能發生在願意依照個人步伐、慢慢處理問題的家庭。因此，本書匯集了可以運用身邊物品，而大人們也能開心操作的有趣科學實驗，請各位務必實際與孩子一起互相分享這些體驗。

尾嶋　好美

目次

第1章 拍照起來美美的實驗……9

第2章 讓人無法移開目光的動態現象……45

第3章 各種有趣的變化……73

第4章 料理就是一門科學 …… 109

實驗時的注意事項

● **請不要讓孩子單獨進行實驗。**

● 需要用火或是使用到會產生高溫的東西時，請注意避免燒燙傷或是發生火災。請勿將可燃物放置在周邊，並且事先準備好滅火器材，眼睛不要離開火源。萬一發生任何意外，應極力避免燃燒擴散，重點是要能夠安心地進行實驗。此外，一旦有粉塵飛揚，很可能會產生可燃性氣體，請絕對不要在可能會產生爆炸之處隨意動作。使用工具上如果有異物或是灰塵、水分，都可能成為無預期的燃燒原。使用潮溼的蠟燭，或是想用水撲滅蠟燭，亦可能會產生火災，這些舉動都相當危險。蠟燭只需要輕輕吹熄，或是使用滅燭罩等工具滅火。

● 欲接觸一些平常不會接觸的、具有強烈刺激性的物質時，請注意不要讓手、眼、口、衣服接觸到該物質。實驗需要使用到料理器具或是餐具、食品時，請注意安全並考量衛生。

● 有時實驗會因為室內溫度、溼度、所使用的材料等因素而無法順利進行。無法順利進行時，思考實驗失敗的理由也是一種學習。

利用本書資訊所得之相關結果，作者與編輯部概不負任何責任。

基本準備物品

各個實驗所需的「準備物品」當中並未羅列以下物品，
但是，有些是必要物品。

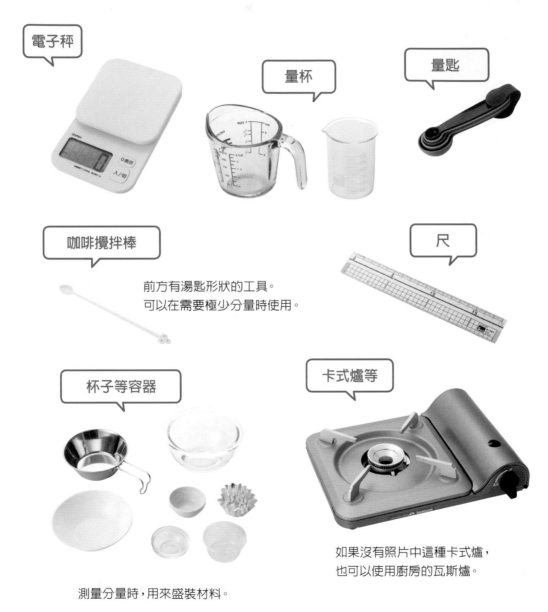

電子秤

量杯

量匙

咖啡攪拌棒

前方有湯匙形狀的工具。
可以在需要極少分量時使用。

尺

杯子等容器

卡式爐等

如果沒有照片中這種卡式爐，
也可以使用廚房的瓦斯爐。

測量分量時，用來盛裝材料。

在「準備物品」中，通常會省略水。
請參照「步驟」說明使用。

第1章

....

拍照起來
美美的實驗

看起來像彩虹？
用彩色巧克力作一幅畫

10 分鐘

用手捏著一顆褐色的巧克力，通常會融化。因為巧克力中富含可可脂（cocoa butter）等油脂，所以容易因為體溫而融化。

然而，粒狀的巧克力被染上各種顏色後，即使放在手上也不容易融化。每一顆粒狀巧克力上都被淋上砂糖或是食用色素後凝固而成，這種塗裝稱作「糖衣」。我們也可以在一些點心或是藥品上看到糖衣的蹤跡。

現在，就讓我們利用糖衣巧克力，畫出彩虹般的色調吧！

可以當作藥物的可可豆

巧克力原料的可可膏（cocoa mass）是由可可樹的種子（可可豆）提煉而成。早在西元前，原產地南美洲就會磨碎可可豆，將其與辣椒、香草等一起放到熱水後作為藥物飲用。可可豆富含多酚、礦物質以及維生素。此外，巧克力的苦澀味則是來自於「可可鹼（theobromine）」的成分，可可鹼具有幫助血管擴張、讓血液流動順利的作用，因此，可以讓腦部活化、興奮。可可豆之所以可以作為藥物使用，就是因為具有這些效果。

取出糖衣巧克力的顏色

準備物品

● 糖衣巧克力　　　　　　● 熱水（溫水）　　　　　■ 盤子（要有盤緣）

步驟

將糖衣巧克力排列在盤緣內側。

在盤子正中間注入熱水。

持續注入熱水，直到碰觸到糖衣巧克力為止，然後靜置觀察。

糖衣巧克力的塗裝會因為口水而溶化。大量食用時，舌頭還會因此而染色。糖衣不僅會溶化在口中，也會溶化在熱水中。糖衣中所富含的食用色素被熱水溶解時，顏色就會跟著跑出來。

那麼，為什麼顏色會朝正中間跑呢？這其實是一種「擴散」現象。在杯中注入水，再滴入墨水，啪嗒一聲滴下的墨水會慢慢擴散於水中，過一陣子後就會擴散至整杯水，杯中水的顏色應該會變得完全一致。從原本僅有一個地方的顏色特別濃，最終達到整體相同濃度的狀態，稱作「擴散」現象。

糖衣之中除了食用色素外還含有砂糖。這些內容物溶於水時也會慢慢地擴散，因此會從盤子的邊緣慢慢地擴散到原本什麼都沒有的正中間位置，而我們就會看到顏色往正中間移動現象。

接下來，我們可以把糖衣巧克力放在盤子的正中間，再注入熱水，此時顏色就會從正中間擴散到盤緣。

許多甜點製造商都會推出糖衣巧克力產品，不同製造商所使用的食用色素不同，顏色的擴散方式也會有所不同。有興趣的話，可以試著調查一下，研究看看各家製造商的糖衣巧克力顏色溶解差異喔！

在杯中放入水，剛滴入紅色食用色素時的狀態。

紅色會開始擴散。

肉眼看不到嗎？ 🕐 **10**
分鐘
牛奶皇冠

在裝滿牛奶的盤中，啪嗒一聲地滴下一滴牛奶，就會看到牛奶飛濺的情形。然而，恐怕必須得用拍照或是攝影的方式才有辦法捕捉到那個畫面。因為飛濺的形狀很像皇冠，也就是 crown 的形狀，所以這個現象又稱作「牛奶皇冠（milk crown）」。

由於瞬間就會消失無蹤，所以想要用自己的肉眼捕捉，幾乎是不可能的事。縱使想要拍攝下來，以往還得用特殊的器材或是攝影技巧才行，所以只有少數人們有機會一睹牛奶皇冠的面貌。不過，現在我們只需要稍微下點功夫就可以輕鬆拍到。其實只需要一台智慧型手機，我們就可以試著拍拍看這種用肉眼看不到的神奇現象。

確認智慧型手機功能

這次要使用的是智慧型手機的攝影功能，並且要讓畫面看起來像是處於慢動作。2013 年，曾經因為可以用 iPhone 5s 拍攝而蔚為話題。現在我們只需要找找看智慧型手機的相機應用程式中有沒有「慢速」、「慢動作」、「超級慢動作」、「慢動作攝影」等功能，就可以試著操作看看。此外，也可以選擇影格速率（frame rate），也就是 1 秒影片中的靜止畫格數「fps」（可參考 P.17），盡量將該數值設定到最大。

※ 這種拍攝方式，以下稱作「以慢速功能攝影」。

拍攝牛奶皇冠

準備物品

●牛奶

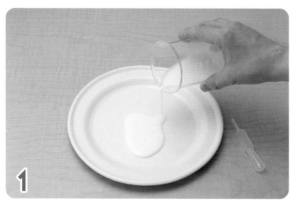

■盤子（要有盤緣）

■滴管

■智慧型手機
（或是可以進行高速攝影
的數位相機）

■三腳架等

步驟

1 在盤子內倒入約 1mm 高度的牛奶。

用滴管吸滿牛奶。

2

3 用三角架固定好智慧型手機後，以慢速功能開始拍攝。

4 在盤子正中間，從約 40cm 的高度滴下一滴牛奶。

淺薄且寬廣的液體表面，會因為水滴落下、濺起而形成牛奶皇冠。製作方法相當簡單，但是牛奶皇冠形狀的形成機制卻相當難以理解。水滴落下時會同時出現空氣密度、液體黏度、水滴衝擊液體的表面速度、液體厚度等各種複雜的條件，才得以形成皇冠形狀。

話說回來，所形成的「牛奶皇冠」究竟是滴落至盤內的牛奶，還是盤中原有的牛奶呢？我們可以利用食用色素，在盤內裝有已染色的牛奶，再試著滴入一滴白色牛奶。

雖然可以看到白色牛奶啪嗒一聲擴散開來，但看到的應該是形成一頂帶有白色邊緣的牛奶皇冠。

牛奶皇冠從製作完成至消失無蹤為止僅約 30 毫秒（ms）。1 毫秒為 1000 分之 1 秒，所以牛奶皇冠僅會出現 1 秒的 30 分之 1 這種極為短暫的時間，而這種時間短暫到單憑人類視覺根本無法辨識。

這時，智慧型手機的慢速功能就是一個好幫手。比方說，若使用的是 iPhone 6 以後的機種，可以選擇並設定「240fps」。「fps」是 frames per second 的縮寫，用來表示 1 秒內所記錄的靜止畫面幀數。

240fps 是指 1 秒 240 幀，也就是每約 4.2 毫秒可以拍攝 1 張照片。因此，當然可以拍得到僅能夠存在 30 毫秒的牛奶皇冠。

除此之外，用這種方式拍攝噴泉、瀑布、鳥類拍打翅膀等應該也會相當有趣，也可以用來輕鬆拍攝變化速度相當快的實驗（可參考 P.85、P.88）。

將添加紅色色素的牛奶滴落至盤內，就會晃動到盤內原有的牛奶，而形成牛奶皇冠。

閃閃發光的彈珠是怎麼製造出來的呢？

60
分鐘

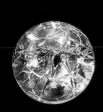

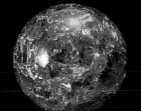

18

作為室內裝飾或是飾品，閃閃發光的「裂紋彈珠」總是相當受到歡迎。裂紋（crack）就是裂開的意思。

玻璃受到強烈撞擊，就會啪啦一聲發生龜裂現象。彈珠是由玻璃製造而成，裂紋彈珠就是利用彈珠乃由玻璃製造而成這一點，特地讓彈珠內部產生許多龜裂而製造出來的東西。那麼，該如何製造出那些裂紋呢？在注意安全的狀態下，其實在家中即能輕鬆完成，就讓我們實際來試試看。

古人也愛玻璃

玻璃窗、杯子或是彈珠等由玻璃製成的物品大量充斥在你我身邊。話說回來，在很久很久以前的日本，玻璃其實是相當昂貴的東西。被當作聖武天皇的珍寶、保存在日本正倉院的玻璃器皿——「白琉璃碗」即是在 6 世紀左右由位於目前伊拉克或是伊朗等領土的薩珊王國所製作的物品。其整個表面幾乎都被切割過，因此可以反射光線、散發出耀眼光芒。雖然在伊朗等地還有發現同一時代的其他玻璃碗，但是大多因為被埋在土裡而變質；而被細心保存的白琉璃碗，迄今仍可維持著超過 1500 年的光芒，並未消減。

在彈珠內加入裂紋

準備物品

● 彈珠（單色、透明、無氣泡） 10 顆

● 冰塊

■ 隔熱手套

■ 耐熱容器（有點深度的長方形等）

■ 調理碗

■ 烤箱或是吐司機

■ 免洗筷等

步驟

⚠ 加熱後，恐會出現玻璃碎片。
處理用於彈珠的道具時，請注意散落的玻璃碎片。

1 在耐熱容器內放入彈珠。

2 利用 200℃的烤箱或是吐司機，加熱 30 分鐘。

3 在調理碗中放入水，再加入冰塊使之成為冰水。

4 使用隔熱手套，將步驟 2 所完成的彈珠輕輕倒入步驟 3 的調理碗中，5 分鐘後用免洗筷取出。

一般透明的彈珠照射到光線時，部分光線會在彈珠表面反射，剩餘的光線會進入彈珠中間後再折射出去。裂紋彈珠則會因為光線貫穿至中間時遇到裂開的紋路，因而隨意反射。四散的光線會再折射出去，因此就會讓裂紋彈珠看起來閃閃發亮。

那麼，為什麼彈珠加熱後放入冰水，就會產生裂紋呢？這是因為彈珠內外產生了相當大的溫差。利用烤箱加熱後，彈珠內部會因為受熱而增加了膨脹的力量。在此狀態下，再讓彈珠接觸冰水，就會產生收縮的力量。內側膨脹的力量與外側收縮的力量同時發生，就會產生裂紋。所以，

在加熱過的玻璃容器內注入水，也會造成破裂就是基於這個理由。

還有一種產生裂紋彈珠的方式是利用鐵製平底鍋加熱，再淋上冰水。然而，千萬不可使用以氟碳樹脂加工製成的平底鍋，因為在持續 260℃ 以上的高溫狀態，氟碳樹脂塗料就會開始分解，並且產生有害氣體。

裂紋彈珠容易因為受到衝擊而裂開，因此在作為飾品裝飾時可以先在邊緣用 UV 膠（可參考 P.23）等幫助固定。

裂紋彈珠的製作方法（示意圖）

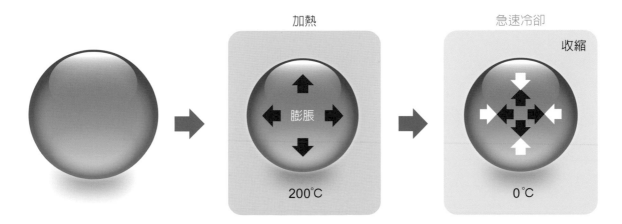

加熱　急速冷卻　收縮　膨脹　200℃　0℃

用 UV 膠做出自己喜歡的小物吧！

⏱ **60** 分鐘

在日本百元商店等處即可找到「UV 膠（UV resin）」這種商品。UV 是指紫外線（ultra violet），resin 則是所謂的樹脂。玳瑁或是琥珀等雖然也都是來自於樹脂，但現在所謂的樹脂通常是指人工製造出來的合成樹脂。

UV 膠一旦照射到紫外線，就會在數秒至數分鐘內凝固。市面上販售著各種不同顏色或是專門用於固定物品的 UV 膠，因此可以根據自己喜歡的顏色、喜好的形狀製作出飾品等小物，或是放入小小的乾燥花、金粉等自己喜歡的小東西，享受UV 膠的手作樂趣。試著一起來製作些個人專屬的原創作品吧！

UV 樹脂液的小祕密

UV 膠經常被當作接著劑，可用於電子零件、光學零件等精密零件，或是半導體等各種物品上。在 3D 印表機中，UV 膠被當作「墨水」，可以做出原型模型或是客製化零件等各種物品。UV 膠已經成為一種你我生活中不可或缺的物品。

 # 來做 UV 膠飾品吧！

準備物品

■ 作業用手套（拋棄式）

■ 矽膠軟墊

■ 模具
（UV 膠專用模型）

■ UV-LED 燈

● UV 膠（手工藝用）

步驟

⚠ 請小心不要讓 UV 膠噴濺到手、眼睛或是衣服，並維持通風良好。肉眼如果直接接觸 UV-LED 燈光線恐怕會發生危險。照射、使用 UV-LED 燈時需多加留意。

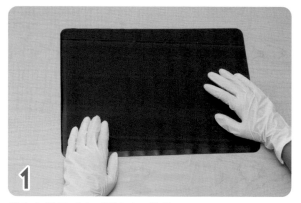

1 戴上作業用手套，鋪好矽膠軟墊。

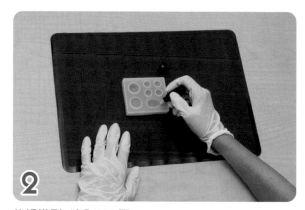

2 放好模型，滴入 UV 膠。

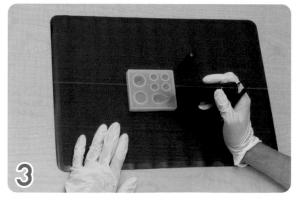

3 照射 UV-LED 燈（照射時間請參考 UV 膠使用說明書）。

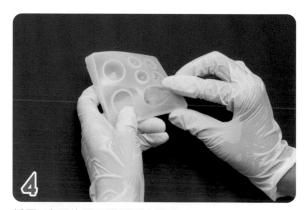

4 靜置，冷卻後即可從模型中取出。

UV 樹脂液的真面目

　　液體狀的 UV 膠（UV resin）遇到 UV-LED 燈就會變成固體，這是因為樹脂原本處於液體狀態時是小分子，接觸到光線後分子就會陸續集結、形成大分子後凝固。像這種藉由「光能」使液體變成固體的現象稱作「光硬化」，會產生光硬化現象的樹脂就稱作「光硬化樹脂」。

　　光硬化樹脂可以應用在許多地方。各位是否有過經驗？牙醫師在磨除蛀牙後，會先用一些物質進行填補，再用光照一下。那些在照光之前不會凝固，照光後就會在短時間內凝固的「光硬化樹脂」使用起來非常方便。

使用光硬化樹脂進行指甲彩繪。

　　還有在指甲上使用亮粉或是彩鑽等進行裝飾的「美甲」，也是光硬化樹脂的一種應用。

　　根據光硬化樹脂種類不同，凝固時所需的光波長（可參考 P.29）也會不同。有時「即使照光也無法凝固」，因此必須先確認所使用樹脂需怎樣的波長才能凝固。此外，若使用自己手邊的紫外線燈仍無法凝固時，直接拿去照射太陽光也是種方法。太陽光涵蓋各種波長的光，但由於需耗費一點時間才能凝固，因此請放在不會被他人觸碰到的位置。

也可以利用太陽光使 UV 膠凝固，但必須注意擺放位置。

※ 分子是構成物質的小顆粒，分子則是出更小的「原子」所構成。

在黑暗中詭異發光的果汁

⏰ **10分鐘**

各位有看過螢火蟲的光嗎？螢火蟲體內因為有一種稱作「螢光素（luciferin）」的物質，所以會發光。然而，「螢光素」是一種相當難以取得的物質。不過，只要使用「黑光燈（又稱紫外線燈或伍德燈〔Wood's lamp〕）」，就可讓各種東西在黑暗中發光。

黑光燈會以「隱形墨水筆（magic light pen）」、「魔術標記筆（Trick Marker）」等名稱在百元商店等處銷售。只要照射到光線，就會意外地發出光芒。明明在一般燈光下看起來像是張普通的白紙，用黑光燈一照竟然會看到不一樣的顏色。就讓我們來找找究竟是怎樣的東西在發光？又是為什麼會發光吧！

會發光的生物

螢火蟲發光的理由據說是為了和夥伴溝通。發光的頻率會因雄性與雌性而不同，也會因種類而有所不同。

話說回來，澳洲或紐西蘭有一種稱作「穴螢火蟲」的生物。穴螢火蟲其實是「小真菌蚋（*Arachnocampa luminosa*）」這種蚋的幼蟲。牠們以光作餌，吸引一些白蟻靠近。另一方面，日本海沿岸各地可看到的「海螢（*Vargula hilgendorfii*）」和蝦、蟹等則同為甲殼類。

螢火蟲、穴螢火蟲、海螢，其實是三種截然不同的生物，但是牠們藉由體內「螢光素」而發光的機制卻是相同的。

讓飲料發光

準備物品

● 含有維生素 B2
的提神飲料

■ 透明玻璃杯　2 個

■ 黑光燈（紫外線燈）

步驟

⚠ 黑光燈的光線若直接照射到眼睛恐會有危險。照射、使用黑光燈時請多加注意。

1 將含有維生素 B2 的提神飲料倒入一個透明玻璃杯內。

2 在另一個玻璃杯中裝入白開水。

3

將房間的燈關掉，用黑光燈照射玻璃杯。

提神飲料會發出黃綠色的光，白開水則不會發光，其實是提神飲料中所含有的維生素 B2 在發光。

人類肉眼可看到的光波長為 400～780nm（可視光），1nm（奈米）為 1 公尺的 10 億分之 1。人類肉眼在 400～450nm 波長可看到的光為紫色，在 625～780nm 時可看到的光則是紅色。

人類肉眼看不到比紫色波長（100～400nm 左右）更短的「紫外線」光。紫外線又可再分為 100～280nm 的 UV-C；280～315nm 的 UV-B；315～400nm 的 UV-A。波長越短，能量越強，對人體越有害。我們也可以將太陽光分成三種，UV-C 會被臭氧層吸收，不會照射至地球；UV-B 會有一部分照射至地球，成為皮膚癌、晒傷等的原因；UV-A 容易穿透物質、進入皮膚表面，因而被視為造成皺紋的原因。

黑光燈可以發出 315～375nm 的波長。維生素 B2 被黑光燈照射過後，人類肉眼看不見的 UV-A 就會被維生素 B2 所吸收、減少能量，成為人類肉眼可見的光。

其實被黑光燈照射過後，會發光的物品相當多。可以試著拿去照射充滿紅花色素（carthamus）的鳳梨糖、成熟香蕉等，也可以照一下鈔票或收到的包裹，或許會意外地看到有些地方正在發光喔！

各種光線與波長（示意圖）

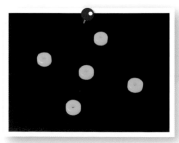

照射到黑光燈的鳳梨糖。

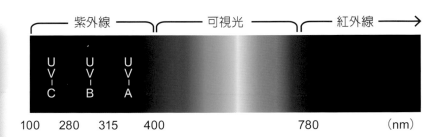

紫外線　　可視光　　紅外線→

UV-C　UV-B　UV-A

100　280　315　400　　　　780　　（nm）

彷彿就像是寶石！？ 冰晶棒棒糖

2週

　　閃閃發光、美麗的「冰晶棒棒糖」是砂糖結晶的結果，但竟然能夠散發出如此的光澤，真令人感到不可思議。其實這都是因為光線的反射。冰晶棒棒糖是由許多透明結晶集結而成，有光線照射時，光線碰觸到結晶表面後會進入結晶內部，我們的眼睛就會看到光線朝不同方向折射。

　　如同鑽石或藍寶石，光線會穿過透明結晶內部後，再折射出光彩奪目的色澤。然而，砂糖的結晶相當耗時，若是要當作暑假的自由研究作業實驗，建議一定要提早開始進行。

身邊常見的砂糖結晶

　　說到會讓砂糖產生結晶現象的糖果，除了冰晶棒棒糖外，就是金平糖了。製作金平糖，必須在一個不停轉動的大鍋子內放入砂糖溶化而成的糖蜜，再加入粗砂糖作為「結晶核」。一邊加熱一邊轉動鍋子，使砂糖產生結晶，接著再加入糖蜜，就這樣反覆進行二個禮拜左右，使其慢慢變大。

　　如果一邊轉動，一邊使其產生結晶，就會成為有突起狀的金平糖；如果不轉動直接使其產生結晶，則會成為冰晶棒棒糖。實在是很有趣的現象呢！

製作冰晶棒棒糖

準備物品

● 砂糖 250g+ 少量

● 食用色素（若使用的是色粉，需先溶解在少量水中） 微量

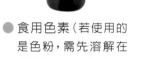
● 棒棒糖紙棍

■ 鍋子

■ 長筷

■ 耐熱玻璃杯

■ 小碟子

■ 竹籤

■ 小夾子

步驟

⚠ 請小心用火。

1 在鍋子中放入 250g 砂糖，再加入 100mL 的水。

2 開中火，並且充分攪拌，等砂糖全都溶解後即關火（不需要到沸騰）。

3 將步驟 2 完成的溶液放入耐熱容器內，並且加入食用色素。

4 攪拌均勻，待溫度下降，直到成品變得比較透明（混濁度降低）。

5

將少量砂糖放在小碟子上。用棒棒糖紙棍前端沾取步驟 **4** 所完成的溶液，再取出。

6

用步驟 **5** 完成的紙棍前端沾取小碟子中的砂糖。

7

等待砂糖凝固（砂糖如果溶化就再撒上砂糖，等待其凝固）。

8

將步驟 **7** 完成的紙棍浸泡在步驟 **4** 所完成的溶液中。用小型夾子固定，避免直接碰觸到玻璃杯底部。

9

盡量不要動到它們，靜置 1〜2 週。

10

取出後使其乾燥。

※ 若想要製作多種顏色，可以在步驟 3 時準備多個玻璃杯，調出不同顏色。

　　砂糖非常容易溶於水。溫度越高,溶解得越多。20℃ 的水每 100mL 可以溶解 203.9g 的砂糖;60℃ 的熱水每 100mL 可以溶解 287.3g 的砂糖;100℃ 的熱水每 100mL 可以溶解 485.2g 的砂糖。

　　熱砂糖水靜置一段時間後,因為溫度下降,一些沒有溶解完全的砂糖就會產生結晶。待水分蒸發後,結晶的砂糖量就會增加。放置的時間越久,冰晶棒棒糖就會變得更大。

　　結晶時,必須要有可以讓結晶相聚在一起的「結晶核(nucleation)」。因此製作冰晶棒棒糖時,必須要先將砂糖附著於紙棍上作為結晶核。

　　近距離觀察完成的冰晶棒棒糖,會看到一顆一顆透明的結晶。事實上,即使是看起來純白的砂糖,用顯微鏡觀察也能看到一顆一顆稍微帶點透明感的顆粒。平常看起來像是白色,其實是因為有許多小顆粒聚集在一起。

沾取砂糖,作
為結晶核。

冰晶棒棒糖的
每個顆粒都很
通透。

製作明礬結晶

🕐 **1小時**

　　想要利用身邊的物品製作出結晶，除了砂糖之外，也可利用拿來醃製茄子等食物的明礬，以及在下一頁中會介紹到的尿素。這些東西會因為溫度、溶解於水的分量而發生變化，又會因為水分減少、無法溶解而出現結晶。結晶的形成機制相當類似，但這三種的結晶形狀卻不盡相同。砂糖會出現小立方體；明礬會隨著時間慢慢結晶成大型的正八面體。這次讓我們簡單一點，先來看看明礬的小結晶，閃閃發光的，非常漂亮。

準備物品

● 燒明礬　25g
● 熱水（60～70℃左右）
　200mL

■ 小碟子
■ 耐熱玻璃杯
■ 免洗筷

在超市或藥局販售的燒明礬。

步驟

1 將少量燒明礬（約咖啡攪拌棒的1匙量），分裝至小碟子。

2 在耐熱玻璃杯中放入熱水。

3 將步驟1剩下的燒明礬加入已完成步驟2的容器內，並充分攪拌使其溶解。

4 靜置，使其溫度下降至室溫。

5 將步驟1完成的燒明礬加入步驟4所完成的容器內。

完成步驟5之後，溶解的明礬會開始出現小小的結晶。

用尿素結晶做出一棵毛茸茸的小樹吧！

半天

「結晶」是由物質的原子或是分子，以不規則形狀凝固而成。從砂糖結晶直到變成冰晶棒棒糖（可參考 P.30）需要耗費好幾天時間，但是也有數小時內即可結晶的物質。

比方說，可以從藥局等處取得的尿素。細針狀的結晶會毛茸茸地一直增加，光是用肉眼看就覺得很有趣，而且一定會長得比你原本所想像的多更多。

然而，這個實驗也容易因為溼度過高而失敗。若想在空氣中水蒸氣含量較多的夏天進行這項實驗，請在有開空調、溫度與溼度較低的室內進行。

讓尿素產生結晶

準備物品

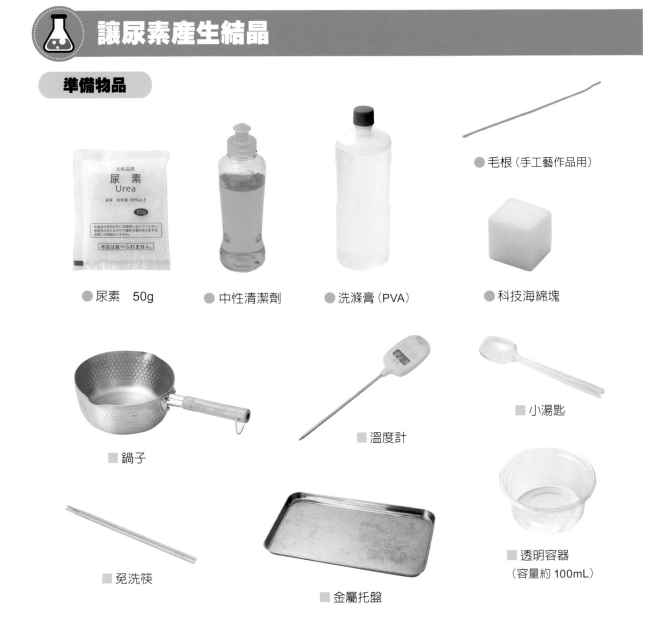

● 尿素　50g　　　● 中性清潔劑　　　● 洗滌膏（PVA）　　　● 毛根（手工藝作品用）

● 科技海綿塊

■ 鍋子　　　■ 溫度計　　　■ 小湯匙

■ 免洗筷　　　■ 金屬托盤　　　■ 透明容器（容量約 100mL）

1 在鍋中放入 40mL 的水（建議使用溫水），並以溫度計測量溫度。加入尿素後，再次測量溫度。

2 開小火並攪拌，加入 1 滴中性清潔劑。

3 用小湯匙加入約 1 小匙的洗滌膏。

4 充分攪拌均勻，接著加入尿素後關火，靜置使其冷卻。

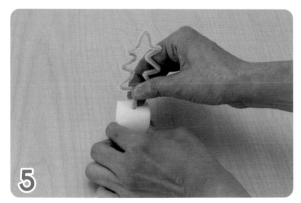

5 將毛根彎折成樹形，插入科技海綿。

6 將透明容器放置於金屬托盤上，放入步驟 5 的成品，再注入步驟 4 所完成的溶液，靜置等待。

擁有各種面貌的尿素

尿素，如其名，充斥於尿液之中，也是在我們皮膚中負責保水的一種成分。市售的護手霜產品有些會在包裝上寫明「含尿素」，因為尿素很容易滲透至肌膚，容易保有水分，達到保濕的功能。

將尿素加入熱水，溫度就會下降。因為尿素溶於水時，會吸收周圍的熱（吸熱反應）。市面上有一種敲一敲就會變冷的「急速冷凍劑」，即是利用尿素與水的吸熱反應。

將毛根浸泡在含有尿素的液體中，毛根浸溼後就會開始產生白色結晶。

擺放 4 棵小樹模型，將其中 3 棵淋上滿滿的尿素溶液。

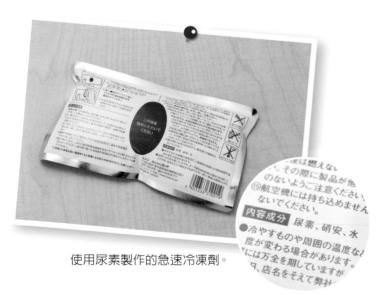

使用尿素製作的急速冷凍劑。

這是因為溶於水的尿素開始結晶。毛根表面因為水分蒸發，水中的尿素就會變得無法溶解於水中，進而出現結晶現象。

這個實驗只需要改變幾個條件，就可以輕鬆進行更多自主研究。比方說改變熱水溫度，觀察尿素溶解的差異。若不加入洗滌膏會怎樣？改變用量又會如何？可以自己進行各種嘗試。此外，不僅可用毛根，也可使用厚紙板或不織布等，只要是能夠「吸水的東西」、能夠吸收尿素溶液，就能產生結晶現象，可多加嘗試喔！

不容易看到嗎？
那就自己做一道彩虹吧！

⏱ **20**
分鐘

下過雨的天空，有時候會出現巨大的彩虹。不過，究竟為什麼可以在原本空無一物的天空中看到彩虹呢？仔細想想，其實有點不可思議。

當太陽位於天空最高處的正中午時分我們無法看見彩虹，只能在早晨或是傍晚、太陽位置較低時看到彩虹。從時間的角度來看，等待雨停、出太陽時，就可以看到彩虹。

事實上，彩虹不可能在沒有任何條件的狀態下突然出現，空氣中必須匯集大量水滴才得以出現，因為折射在水滴上的太陽光線其實才是彩虹真正的樣貌。不過，太陽光看起來明明沒有彩虹的顏色，為什麼透過水滴，就能夠看到彩虹的顏色呢？讓我們試著在晴天早晨或是傍晚時分，自己做一道彩虹來確認看看吧！

製造彩虹

■ 噴瓶

步驟 ⚠ 難以在夏日白天進行的實驗。
試著在太陽處於較低位置時（清晨或是傍晚）做做看吧！

在噴瓶中裝水。

背對著太陽站立，用噴瓶朝前方噴灑水霧。

若看不清楚，請在陰影處噴射
水霧。

42

我們之所以能夠看到彩虹，是因為太陽光線反射在空氣中的水滴上，該光線又進入了我們的眼睛。若太陽所處的高度太高，反射的光線就無法進入我們的眼睛。因此，早晨或傍晚，太陽西斜時比較容易看到彩虹。

太陽光中其實包含著各種顏色的光線。光雖然會在空氣中直線前進，但是進入水滴就會發生折射。折射的角度會隨著光線顏色而異，紫色光的偏折角度較大、紅色光的偏折角度較小。因此，彩虹最上方看起來是紅色，最下方是紫色。

彩虹顏色無法明確切分開來，因為這是一種連續變化的狀態，但是會因為地區或時間而有不同的「顏色數量」。

日本的彩虹顏色有紅、橙、黃、綠、藍、靛、紫共 7 種顏色，但是美國卻沒有藍色，只有 6 種顏色。非洲只有暖色與冷色 2 種顏色。不過，光的偏折角度在世界各地都一樣，因此彩虹上方為紅色（暖色）、下方為紫色（冷色）。

此外，不管晴朗的清晨或傍晚，有些地方隨時都可以看到彩虹，那就是大型瀑布的旁邊。瀑布飛濺的水珠和雨滴有相同作用，都可藉此看到彩虹。例如我們經常可以在夏威夷見到彩虹，理由是因為當地經常在驟雨過後就會放晴。夏威夷當地往往會因為從海上吹來潮溼的風與山壁碰撞後發生降雨，之後又因為放晴而容易出現彩虹。

看見彩虹的結構（示意圖）

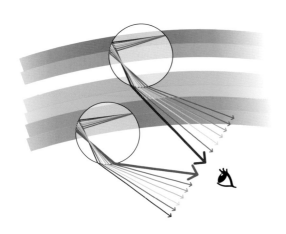

包含太陽光在內，穿透空氣的光線會因為空氣中的水滴而折射。折射角度會因為顏色而有所不同，從上方透過水滴會看到紅色的光，從下方水滴則比較容易看到紫色的光。

用CD片或DVD片製造彩虹

5分鐘

試著讓房間光線暗下來,然後將手電筒的光照射在 CD 片或 DVD 片上吧!這時盤面的顏色會改變,反射的光線就會映照在牆壁上。看起來像不像彩虹呢?

CD片1mm之間有625條細小的凹槽;DVD片1mm之間約有1350條細小的凹槽。當不是凹槽的地方被照射到光線時,就會反射光線。反射的角度會因為光的顏色而有所不同,所以可以看到分層的顏色。

準備物品

■ CD 片或是 DVD 片
■ 手電筒

步驟

1 關閉房間電源。

2 用手電筒照射 CD 片或是 DVD 片。

從 CD 片的正面照過去,盤面會出現彩虹色。

讓光線斜著照在 CD 片上,則可以在牆壁上映照出彩虹的顏色。

第2章

....

讓人無法移開目光
的動態現象

像一座熔岩燈？
不可思議的液體流動狀態

　　我們身邊幾乎所有的東西都會由上往下掉。比方說，先用手拿著這本書，一旦放手，書就會往下掉，絕對不可能會往上飛。因此，如果看到由下往上浮的東西，就會有一種很不可思議的感覺。

　　那麼，在這個實驗當中，下方的液體會往上浮，浮起來後又會往下沉，這兩層液體與中間漂浮的泡沫究竟是什麼東西呢？

來自義大利的熔岩燈

　　熔岩燈（lava lamp）是讓液體在透明容器中用一種不太符合常理方式移動的照明器具。1960 年代由義大利人所發明，而後在美國等國家流行，日本方面也以裝置小物等方式販售。lava 是熔岩的意思，液體會如熔岩般慢慢地移動並且改變形狀，所以以此命名。

　　實際上，放入熔岩燈內的只是摻有顏色的水溶液與蠟。由於蠟是油性，無法與水混合，因此使用電燈加熱蠟後，看起來就會像是在流動的熔岩。

看見會漂浮的液體

準備物品

● 食用色素　微量

● 嬰兒油
（或是沙拉油等）
75mL

● 檸檬酸
1／2 小匙

● 小蘇打粉
1／2 小匙

■ 玻璃容器
（容量 200mL 左右）

■ 盤子

■ 湯匙

步驟

⚠ 請注意不要用手直接抓取檸檬酸。

1 先把盤子擺好，在玻璃容器內倒入 75mL 的水，加入食用色素後攪拌均勻。

2 在步驟 1 中加入檸檬酸（可以不用攪拌）。

3 將嬰兒油慢慢倒入步驟 2 的容器內。

4 在步驟 3 的容器內加入小蘇打粉。

水，是由許多水分子集結而成。水分子們自己聚集、黏著在一起的力量相當強大，因此和水分子形狀有很大差異的物質，例如油之類的物質並無法和水混合在一起。「盡可能與同伴黏在一起，避免與其他東西黏著」，這樣一來，最適合的就是變成「球狀」了。

油與水混合後，水比油重，因此會分成二層，下方為水、上方為油。由於小蘇打粉不溶於油，因此會直接往下降。檸檬酸進入水中，會發生起泡反應。泡沫是被水包圍的氣體，會比油來得輕，能夠穿過油往上跑。然後，泡沫破掉後，剩下的水又會再往下降。

那麼，小蘇打粉與檸檬酸所產生的氣泡又是什麼呢？小蘇打粉是鹼性，檸檬酸是酸性，鹼性的小蘇打粉與酸性的物質混合時，會產生二氧化碳。醋、檸檬汁等皆為酸性，與小蘇打粉反應後就會產生二氧化碳。

小蘇打粉的正式名稱為「碳酸氫鈉」。讓我們仔細看一下泡澡用的發泡入浴劑成分，的確是寫著「碳酸氫鈉」呢！碳酸氫鈉與碳酸鈉等鹼性物質會與「延胡索酸（fumaric acid）」等酸性物質反應產生二氧化碳，而後產生氣泡。

這時，還會發生從周邊吸熱的反應。試著摸一下正在產生氣泡的發泡入浴劑，應該會覺得它們很冰涼。因為浴缸的熱水量較大，不會突然變涼，但是發泡入浴劑產生啵啵啵的氣泡時，其周遭的熱水的確是會稍微變涼的。

含有碳酸氫鈉的發泡入浴劑。

用化學力量噴發出泡泡

小蘇打粉與檸檬酸混合後會產生二氧化碳這件事情可以再用另一個實驗來確認。但是，二氧化碳無法用肉眼看見，所以讓我們試著製造出二氧化碳泡泡來確認二氧化碳釋出的狀態。

將溶於水的牙膏，加上小蘇打粉與檸檬酸後，就會產生泡沫。這是因為小蘇打粉與檸檬酸反應後會產生二氧化碳。產生泡沫後就會平緩下來，這時可以摸摸塑膠罐，會發現該塑膠罐真的變得涼涼的。

準備物品

- 食用色素　微量
- 牙膏　5mm 左右
- 小蘇打粉　1 / 2 小匙左右
- 檸檬酸　1 / 2 小匙左右

- 小塑膠罐
  （容量約 35mL）
- 免洗筷
- 金屬托盤

用免洗筷沾取牙膏後放入攪拌。

步驟

⚠ 請注意不要用手直接抓取檸檬酸。

1 在小塑膠罐中裝入半罐的水，加入食用色素後攪拌均勻。接著加入牙膏後攪拌均勻。

2 加入小蘇打粉。

3 將步驟 2 完成的容器放在金屬托盤上，再加入檸檬酸。

產生二氧化碳，並且不停地冒出泡泡。

利用化學力量吹氣球

小蘇打粉與檸檬酸反應後所產生的二氧化碳,甚至可以吹飽一顆橡膠氣球。

準備物品

● 小蘇打粉　2 大匙
● 檸檬酸　2 大匙
● 橡膠氣球　1 個

■ 調味料瓶
　(用來放蜂蜜或調味料等開口較細小的)
■ 寶特瓶(容量 500mL)

步驟

⚠ 請注意不要用手直接抓取檸檬酸。

1 將小蘇打粉倒入調味料瓶中。

2 將步驟 1 的瓶口插入橡膠氣球內,讓內容物移至氣球內。

3 在寶特瓶內加入檸檬酸以及 100mL 的水。

4 將步驟 2 的橡膠氣球確實套入步驟 3 的寶特瓶開口。

5 動一動橡膠氣球,將原本在內部的小蘇打粉移動至寶特瓶內。

從調味料瓶的寬口處倒入小蘇打粉,再裝上尖嘴蓋,會比較容易將小蘇打粉擠壓至橡膠氣球內。

最後,將橡膠氣球的進氣口確實套在寶特瓶口,再將橡膠氣球立起來。

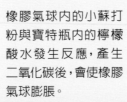

橡膠氣球內的小蘇打粉與寶特瓶內的檸檬酸水發生反應,產生二氧化碳後,會使橡膠氣球膨脹。

就像是一個小型龍捲風！
寶特瓶龍捲風

30
分鐘

在大型積雨雲下方，容易產生漏斗狀延伸拉長、氣旋紊亂的「龍捲風」。此現象經常發生在上方有冷空氣進入，造成地面與上空溫差變大時。美國每年會有 1000 個左右的龍捲風產生，造成相當大的危害。日本方面雖然沒有發生那麼多起，但經常於 9 月發生，還是很受眾人矚目。

龍捲風的英文是 tornado。在寶特瓶中製作的龍捲風雖與真正的龍捲風產生方式不同，但是氣旋的外觀非常相似。

龍捲風的速度該如何表示呢？

龍捲風的風速可用「藤田級數（F 級數）」分為 F0 到 F5，共 6 個等級。F0 的秒數為 17 ～ 32m，大約是可以折斷小樹枝的程度；F3 的秒數為 70 ～ 93m，可以吹毀一般家庭房屋、將汽車捲起；最大的 F5 秒數則為 117 ～ 142m，可瞬間捲起房屋，甚至將列車等物品捲走。日本目前僅觀測到 F3 等級，美國方面則是已經有數次達 F5 等級的龍捲風，造成相當大的危害。

利用寶特瓶製造龍捲風

準備物品

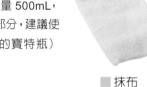
■ 磨砂紙

■ 打洞錐（或是錐子）

■ 十字起子（粗）

■ 寶特瓶（容量 500mL，
除了蓋子的部分，建議使
用碳酸飲料的寶特瓶）
2 個

■ 剪刀

■ 洗臉盆等（或是不用
擔心會被水弄溼的地
方）

■ 抹布

步驟 ⚠ 使用尖銳物品時，請多加注意。

1 取出 1 個寶特瓶蓋子，用磨砂紙磨除表面字樣，直到
看不見（另一個蓋子則不做處理）。

2 將步驟 1 的蓋子放在已折疊成較厚的抹布上，用打洞
錐在正中間打洞。

3 用十字起子將該孔洞擴大至直徑 8mm 左右（也可以
用剪刀均勻地把洞擴大）。

4 在其中一個寶特瓶內放入約 400mL 的水，接著蓋上
步驟 3 所完成的蓋子。

⑤ 將一個寶特瓶放在洗臉盆中,再把步驟 4 所完成的寶特瓶倒過來放置在上方。

⑥ 用手緊壓連接的部位,轉動上方的寶特瓶。待出現氣旋狀時,即停止轉動。

解說　寶特瓶中發生了什麼事?

裝水的寶特瓶只是從上方倒放,讓水慢慢往下流而已。旋轉瓶身後,水就會像龍捲風般,一口氣往下流。

若只是單純地倒放,上方的水無法取代下方的空氣,所以水就幾乎不會移動。

旋轉瓶身時,就會在中間產生一個空氣的通道。這時,空氣會往上方移動,水則是往下方流。

龍捲風藉由氣旋中的上升氣流,就可以把房子或車子等捲起。寶特瓶中的狀況也和龍捲風一樣,會把空氣由下往上帶。氣旋的形狀和龍捲風非常相似。

日本方面,每年會帶來比龍捲風更大災害的是颱風。颱風是因為溫暖海洋上有大量水蒸氣上升後形成雲,雲會以氣旋方式捲曲而變得越來越大。風速秒數達 17.2m 以上稱作颱風,以下稱作熱帶低氣壓。

不論是龍捲風還是颱風,在因為「地上潮溼溫暖的空氣」與「上空冷空氣」而發生的這一點相同,不過大小規模有所差別。龍捲風的直徑為數十公尺到數百公尺,颱風則是達五百公里以上。

被大噴發嚇到了嗎！？
曼陀珠間歇噴泉

🕐 **10** 分鐘

這是一項在碳酸飲料中加入曼陀珠，就會噴發出大量泡沫的實驗。網路上「mentos geyser（曼陀珠間歇噴泉）」的影片頻道相當受到歡迎。「曼陀珠」是由荷蘭一間公司所開發，目前已銷售至世界各地，它其實是一種軟糖果，外表被糖衣所覆蓋。英文「geyser」即是間歇泉的意思。

加入曼陀珠後之所以會產生氣泡，是因為碳酸飲料中的碳酸（二氧化碳）瞬間一口氣衝出來。我們所喝的碳酸飲料中其實含有比想像中還要多的二氧化碳，就讓我們實際感受一下碳酸飲料中的氣體含量吧！

何謂間歇泉？

間歇泉是指每間隔一段時間就會噴發的熱水。美國黃石國家公園的間歇泉約每 90 分鐘噴發一次，熱水會一口氣地噴發，高度可達 30 ～ 50m。

黃石國家公園是北美洲最大的火山地帶，地下數十公里處據說有座「岩漿庫」蘊藏著熱呼呼的岩漿。間歇泉就是因為地底下的水受到地熱加溫，而後變成水蒸氣噴發的現象。

製造曼陀珠間歇泉

準備物品

● 曼陀珠 10 顆

● 可樂
（2L 寶特瓶的可口可樂或是健怡可樂）

■ 紙膠帶

步驟

⚠ 請於無須在意可樂飛濺的地點進行實驗，實驗後請確實清洗乾淨。

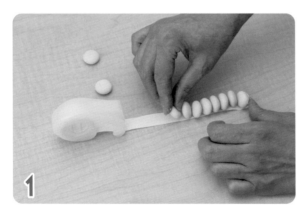

在紙膠帶上黏貼 10 顆曼陀珠。

為了能夠一口氣放入寶特瓶內，固定曼陀珠時請盡量呈一直線。

打開可樂的蓋子，將步驟 **2** 製作好的物品一口氣投入。

曼陀珠會立刻往下沉，這時請觀察其反應。

可樂為什麼會噴出呢？

投入曼陀珠後，可樂會突然噴出。這是因為原本儲存於可樂中的二氧化碳受到刺激後一口氣冒出的關係。2L 寶特瓶裝的可樂中約有 8L 的二氧化碳被封存在內。

將可樂注入玻璃杯時，玻璃內側邊緣通常會出現泡沫吧！這是因為原本被封存、擠壓在內的二氧化碳氣體受到了玻璃杯的凹凸刺激而開始運動。曼陀珠表面有許多細小的凹凸，在可樂中投入曼陀珠後，二氧化碳很容易受到其凹凸狀的刺激而產生泡沫。

表面凹凸越多，二氧化碳越容易產生氣泡。一次放入 10 顆曼陀珠，二氧化碳也會一口氣突然發泡，導致可樂噴出。

那麼，若在完全沒有顏色或味道的氣泡水中放入曼陀珠，狀況又會是如何呢？雖然同樣是把二氧化碳封存在內，但是噴發程度應該不會比使用可樂來得高。

可樂當中除了二氧化碳外，還有人工甘味劑與焦糖色素等，這些成分都會在曼陀珠進入時協助二氧化碳一口氣突然產生氣泡。未含有這些成分的氣泡水，就無法如可樂般瞬間產生大量氣泡，也不會噴發得像可樂那麼高。

國外經常有人進行在碳酸飲料中放入曼陀珠的實驗，甚至還寫成學術論文。美國化學科系的大學生曾經進行過相關實驗，據說噴發最高的碳酸飲料是「Diet Cherry Vanilla Dr Pepper」，第二名則是「Coca Cola Zero」。

曼陀珠表面有許多細小的凹凸。

即使不是夏天，也能在水中看到海市蜃樓

天氣晴朗的炎熱夏日，經常會覺得柏油馬路等處看起來有一種糊糊霧霧的感覺，那就是所謂的海市蜃樓（熱折射現象）。如其名所示，就是會像火焰一樣搖曳。

海市蜃樓的英文「heat haze」，意思是「熱靄」。因為太陽的熱量會讓空氣變得溫暖，當與周圍其他空氣混合時，就會造成空氣的流動紊亂。

太陽光強烈、空氣中水蒸氣較多的夏天最容易發生海市蜃樓現象，冬天則幾乎不會看見。不過，我們也能製作和海市蜃樓一樣會發生糊糊霧霧現象卻不用在意四季的東西。就讓我們來試試水中的海市蜃樓吧！

搖曳的效果

看著蠟燭火焰或是營火搖曳閃爍的樣子，總會讓人有種心情平靜的感覺。如同火焰般，「搖曳感」帶有一種「好像可以預測又無法預測」的偶然性與期待性，具有療癒效果。是否真有那樣的效果，目前還有許多專家正在研究中，然而平時不太會用來當作日常用品的蠟燭，卻經常被當作裝飾品，或許就是因為很多人想要看一看那搖曳閃爍的樣子吧！

在杯中製造糊霧感

準備物品

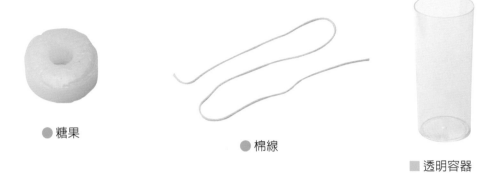

● 糖果

● 棉線

■ 透明容器

步驟

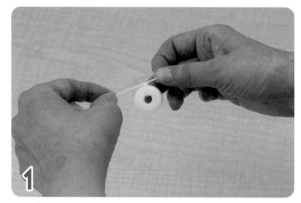

1

用棉線將糖果綁緊。

2

在透明容器內加水。

3

將步驟 1 成品放入步驟 2 容器內。

進一步挑戰

茶包內裝入砂糖後將其沉入水中,即可看到杯中的糊霧感。

在水中放入糖果或砂糖就會產生糊霧的現象。試著在裝有水的杯子中放入一根吸管或攪拌棒，會發現明明是直的物品，看起來竟像是斷裂狀態。光線在相同物質中會以直線方式前進，但是進入不同物質時則會發生折射現象。因此，物品在空氣中或是在水中，看起來的狀態會變得很不一樣（可參考 P.97）。

把糖果或砂糖放入水中會開始溶化。原本在水中直線前進的光線，在進入砂糖溶解部分時發生折射。溶化中的砂糖等物質濃度會改變光線的折射程度，因此看起來就會有一種糊霧感。

像這樣，在透明液體或氣體中，因為折射率不同所看到海市蜃樓現象，稱作「紋影現象（schlieren）」。紋影在德文中帶有「斑紋（和別人不一樣）」的意思。

夏日天氣炎熱時所看到的海市蜃樓，是因為空氣密度差異所致。被炎熱道路所溫暖的空氣，會因為變輕而往上跑。空氣密度不論高低與否都是透明的，卻會因為密度而改變光線穿透的方向，因此，可以看到糊霧感的海市蜃樓。同理可證，在水中放入冰塊時也會看到一種糊霧感。

在杯中放入一根攪拌棒，看起來很像是被水面所彎曲。

夏日海市蜃樓現象。

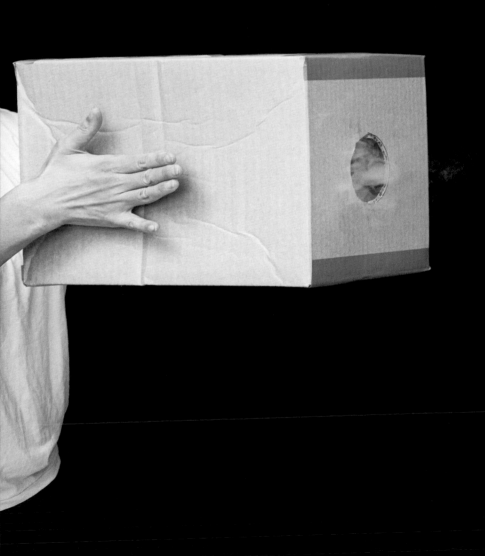

肉眼看不到風，但可以感受得到。身處於強風之中，總會覺得好像有人在推自己，推動我們的其實是空氣中的氣體分子。風是一種「空氣的流通」，我們之所以可以感受到風是因為氣體分子碰撞到我們。試著使用空氣砲，實際感受一下空氣中存在著氣體分子這件事情吧！

空氣也有重量

　　你我皆被空氣所包圍。平常雖然不太有感覺，但是我們的頭頂上方其實有著厚重的空氣層，重量約是每 $1cm^2$ 重約 1kg。頭部尺寸約 10×20 cm，表示我們負載著約 200kg 的空氣。

　　太空中沒有空氣。因此，我們平常習慣被空氣擠壓的身體，一旦前往沒有空氣的地方就會爆裂。所以，太空服內部都會設計加壓的裝置。

製作空氣砲

準備物品

■ 筆　　　■ 美工刀

● 乾冰

● 瓦楞紙箱　　　■ 封箱膠帶　　　■ 工作手套

步驟

⚠️ 使用利器時請多加注意。小心不要被乾冰凍傷，實驗結束後請通風換氣。

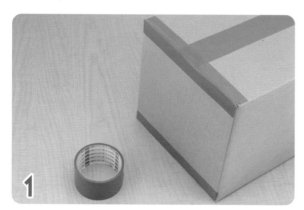

1 將瓦楞紙箱的底部用封箱膠帶黏好。

2 在瓦楞紙箱側邊（面積較小那側）畫上一個圓，再用美工刀割開。

3 戴上工作手套，將乾冰倒入步驟 **2** 的成品中，中間會充滿煙霧。

4 雙手在箱子兩側，用力拍打。

充斥在我們周邊空氣中的氣體分子會以每秒 400m 的速度來回飛舞。不過，氣體分子非常輕且小，所以我們不會感覺到「氣體分子互相碰撞」。

每 $1cm^3$ 的空氣中有 $3×10^{19}$ 個分子，其中約有 80% 是氮氣，約有 20% 是氧氣。平常氣體分子會朝各種方向飛舞，並不會朝同一個方向移動。

空氣砲原理則是讓「氣體分子成群地朝同一個方向移動」。從瓦楞紙箱中一口氣快速朝外飛出的氣體分子，碰撞到外部的氣體分子，就會稍微往後退縮。

然而，這些被推出的空氣又會被包圍住，因而不斷轉動。轉動時，氣體分子會成為一整團，朝同一方向移動，因此移動到空氣砲前端時，就會有碰撞到空氣的感覺。

當大氣中的氣壓有所不同時，較高的氣壓會往低處跑，使得氣體分子移動。因為是朝同一個方向移動，空氣流動 = 產生風。

那麼，空氣砲的孔洞若是星形或三角形呢？可以的話，請試著確認氣旋渦環的形狀。

空氣砲的機制 (示意圖)

用手拍打紙箱，瓦楞紙箱會內凹、變小，使得中間的氣壓變高。

遇到空氣後會後退。

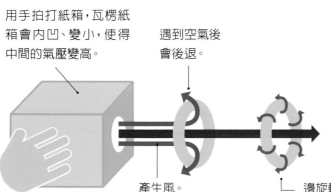

產生風。

邊旋轉邊前進。

空氣砲的氣旋渦環。

會自己開始動作？
蠟燭翹翹板

60
分鐘

各位有沒有聽過「shishi-odoshi」這個詞彙呢？日文漢字寫成「鹿威」。上方竹筒內的水會一點一點地流入下方竹筒，當下方竹筒重量夠重時，竹筒就會往下沉，讓水流出來。待竹筒變輕後會翹起、打到石頭等物品而發出巨大聲響，田邊野生的鹿等動物就會因為受到驚嚇到而逃走，現在則經常作為庭院擺飾所用。

　　利用與「鹿威」同樣「朝下讓液體流出，變輕後再回到原位」的原理，我們可以來製作一個「點火就會開始動作的蠟燭」。然而和「鹿威」不同的是，動作的速度會隨著時間而改變。為什麼會這樣呢？讓我們好好地來觀察火焰大小，並且探尋其中的理由吧！

鹿威（添水）。水會一點一點地流入照片中左方的竹筒裡。當水蓄積到一定程度，竹筒就會因重量較重而朝下，裡面的水就隨之流出。當重量變輕後，竹筒右半邊會翹起、打到後側的石頭而發出聲音。

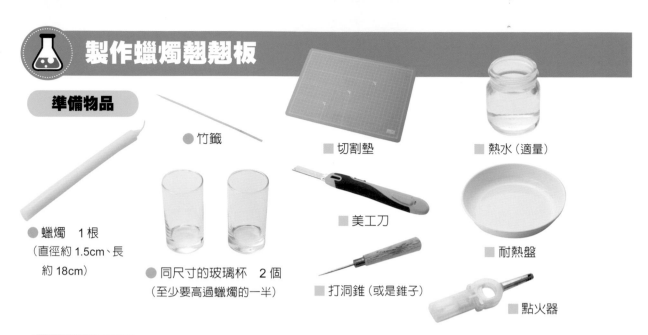

製作蠟燭翹翹板

步驟 用火及使用尖銳物品時，請多加注意。

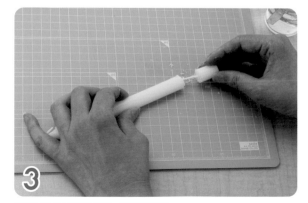

鋪好切割墊，將蠟燭放在切割墊上，用熱水加熱美工刀的刀片。

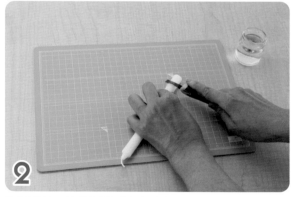

用溫熱的刀片慢慢從底部切割蠟燭，並且留下燭芯。

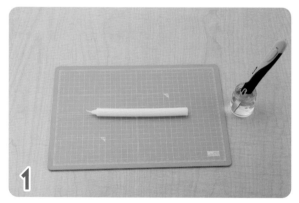

將蠟燭的底側拉開，露出燭芯。

用熱水加熱打洞錐。

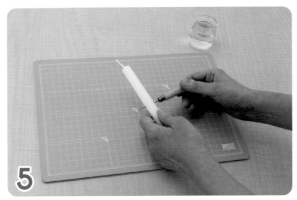

用溫熱好的打洞錐,從蠟燭正中間打洞。

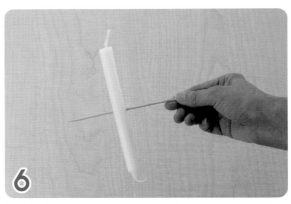

將竹籤穿過步驟 5 所完成的孔洞。

在耐熱盤中放入 2 個玻璃杯,彼此距離約 5cm。

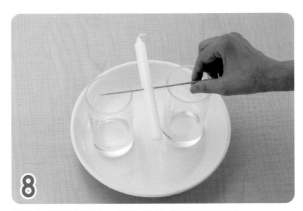

把竹籤橫置杯子上,讓蠟燭位處玻璃杯之間。

用點火器點燃蠟燭兩側的燭芯。

蠟燭會像翹翹板般動作,等到幾乎不動時,再把火輕輕吹熄。

點火後，蠟燭就會開始搖動得像是在玩翹翹板。讓我們仔細觀察，會發現原本在下方的蠟燭滴出蠟後會立刻往上翹。一來一往，很像是在玩翹翹板。

剛開始時翹翹板會慢慢地運作，待時間一久速度就會開始加快。仔細觀察燭芯，會發現比起點火前，突出蠟燭的燭芯變長。當燭芯變長，火焰就會變大，蠟燭的熔化速度也會跟著變快，因此翹翹板的速度就會加快。

然而，滴下來的蠟與蠟燭上剩餘的蠟加起來，並不等於點火前的蠟燭長度。那麼消失的蠟哪去了呢？

蠟燃燒後會變成水蒸氣和二氧化碳。試著在蠟燭火焰上放上一根冷湯匙，湯匙上會充滿霧氣，那是因為蠟燃燒所產生的水蒸氣，會在碰觸到湯匙時成為細小的水滴。將從蠟燭中跑出來的氣體匯集在一起後放進石灰水，石灰水會變白，這就是二氧化碳存在的證據。

固態蠟會在 60°C 左右變成液體。維持固態的蠟非常容易破裂，美工刀一切就會裂開。可以先用熱水加熱美工刀片再切，一邊熔蠟一邊進行加工，就不容易破裂。

將冰冷的湯匙放在燭火上烤，湯匙會起霧。

用一個耐熱玻璃杯蓋住燭火，內側也會起霧。

第3章

·················

各種有趣
的變化

明明什麼都沒做，調色水卻會自己移動

半天

洗手後，我們用毛巾或是手帕擦手，原本附著在手上的水就會消失。水是真的消失了嗎？當然不是，水只是移動到了毛巾上。那麼，是移動到毛巾的哪裡呢？

毛巾是由許多細小纖維匯集而成的線所組成，纖維之間又有許多小小的縫隙，水就是被吸到那些小小的縫隙間。將溼溼的手放在毛巾上，水分就會被毛巾吸走，感覺好像是一種反重力而行的感覺呢！

不僅是毛巾，廚房紙巾或是衛生紙等也同樣會吸水，我們可以用調色水來確認，水被吸入那些小縫隙中的樣子。

何謂水被吸收？

近年來非常受到矚目、「水會立刻被吸收」的東西應該就是「矽藻土（又稱硅藻土）」浴室地墊（可參考 P.77）。矽藻土是由矽藻殼堆積而成的化石所製造出來。矽藻是一種植物性浮游生物，主要棲息在全世界的海洋、河川或是湖泊內，幾乎都是 0.1mm 以下非常微小的生物，並且擁有矽酸質（玻璃質）的美麗外殼。外殼上有非常細小的孔穴，水可以進入該孔穴內，因此矽藻土地墊才能夠立刻吸水、恢復乾爽。

會行走的調色水實驗

準備物品

■ 剪刀

■ 同樣大小的玻璃容器　6 個

● 食用色素（3 色）　各微量

● 廚房紙巾　1～2 張

■ 湯匙

■ 湯盤子

步驟

⚠ 使用尖銳物品時，請多加注意。

1 將廚房紙巾剪成 5cm 寬後，先縱向折半，再橫向折半。共準備 6 條。

2 在 3 個玻璃容器內各注入一半的水，加入食用色素後攪拌，做出 3 種不同顏色的調色水。

3 如照片所示，在盤子中間交叉放置步驟 **2** 所完成的調色水玻璃容器與空的玻璃容器，並且放入步驟 **1** 的成品。

4 靜置不動，直到紙巾吸飽調色水。

廚房紙巾會逐漸吸取調色水。空的玻璃容器會藉由兩側的廚房紙巾逐漸吸取調色水並且混色。那麼為何水分會被廚房紙巾吸取呢？

水是水分子的聚合物。水分子之間具有容易聚集在一起的性質（凝聚性）。水還具有另外一種可與其他物質黏著在一起的性質（吸附性、附著性）。

試著將濾茶器或細金屬網等器具放入水中再取出，會發現底部的水不易落下。這是因為水分子附著在金屬網上，此為水分子聚集在一起所產生的現象。

矽藻土浴室地墊。

廚房紙巾由細纖維互相纏繞而成，纖維間有細小縫隙，水分子會攀附在縫隙中。因此，調色水就會攀附在廚房紙巾上，這種現象稱作「毛細現象」，是指液體攀附在狹窄管狀物質間所產生的現象。矽藻土浴室地墊與布製品的浴室地墊，材質完全不同，但兩者都是利用毛細現象來吸水。

附著在濾茶器上的水幾乎不會落下。

不只是紅通通的！可以改變火焰顏色的實驗

　　夏季，眾所期待的樂趣之一就是色彩繽紛的煙火。日本江戶時代的煙火類似現今的仙女棒，直到明治時代透過各種化學物質合成，成為現代所看到的煙火。

　　那麼，為什麼可以利用化學物質讓煙火產生顏色呢？其實，透過你我身邊的某項物品就可以輕易改變火焰顏色。但是，這個實驗相當危險，請避免讓孩子自行操作。

 **製作有顏色的火焰**

● 衛生紙　1 張

● 消毒用酒精（放入可一滴滴擠出的容器）

● 硼酸
咖啡攪拌棒的 1／4 匙量

● 食鹽
咖啡攪拌棒的 1／4 匙量

● 鋁箔杯（烘培杯子蛋糕用，較厚款）　3 個

■ 點火器

■ 金屬托盤

■ 溼抹布

步驟　⚠ 請小心用火，萬一火焰變大，可用溼抹布蓋住、滅火。

將衛生紙撕成 1×1 cm 左右，再揉成團狀。共製作 3 團。

在鋁箔杯中分別放入步驟 1 的成品，接著全部置放在金屬托盤上。

在步驟 2 完成的衛生紙團滴上 3 滴消毒用酒精（若滴入過多造成溼透很危險，請重新操作）。

確實蓋緊酒精容器蓋子，置於遠離明火的位置。

步驟 **3** 完成的第一團衛生紙放著不動。

在第二團衛生紙灑上硼酸。

在第三團衛生紙灑上食鹽。

用點火器在三個鋁箔杯上點火。

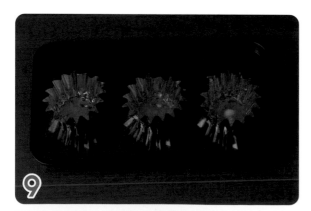

關掉室內電燈,注意狀況,觀察火焰顏色,直到熄滅。

建議

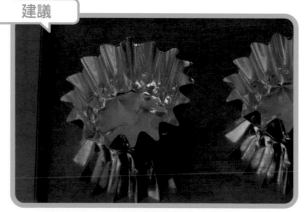

僅裝有酒精的火焰顏色難以觀察。即便以為火已熄滅,但仍可能有火苗在燃燒,必須非常小心。

三種火焰顏色都不同。沒有撒其他東西的酒精火焰是藍色，而且難以辨識；撒上硼酸的火焰是黃綠色；撒上食鹽的火焰則是亮黃色。

有些元素會在以火焰加熱時產生可視光，硼酸中的硼、食鹽中的鈉都是會產生可視光的元素，這些會產生特殊顏色的情形稱作「焰色反應」。

味噌湯灑出時，瓦斯爐的火焰會呈亮黃色，是因味噌湯中含有鈉等物質所引起的焰色反應。除此之外，銅是藍綠色、鉀是紫色、鍶是紅色，焰色反應會因元素不同而出現不同的顏色。

「火焰顏色若是黃色，乃因有鈉」、「變成黃綠色是因為有硼」，像這樣從燃燒的顏色也可用來判斷、確認其中混摻了哪些物質。

物質燃燒時，不僅會發出肉眼可見的可視光，也會產生看不見的光。「光譜分析」就是分析各種光，藉此判斷有哪些物質存在的一種方法。在天文學領域中，也會藉由光譜分析確認該顆星星是由哪些物質所組成。即使是遠在天邊、無法直接進行調查的星星，藉由光的分析，即可確認其物質組成成分。

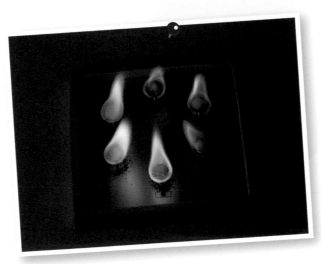

各種物質的焰色反應。從正前方開始順時針依序為銅（藍綠）、鈉（黃）、鈣（橘）、鋇（黃綠）、鉀（紫）、鍶（紅）。

160年前的人們也驚訝過？
會飛的火焰

10
分鐘

　　偉大的英國科學家──麥可・法拉第（Michael Faraday）曾於 1860 年為青年男女進行耶誕演說，當時提及蠟燭相關話題，而後彙集成冊為《Chemical history of a candle（蠟燭科學）》，出版後對世界各地的孩子產生極大影響。日本諾貝爾獎得主大隅良典先生與吉野彰先生據說也是因為該書而對科學產生了興趣。

　　法拉第先生曾說到「我們可以從蠟燭燃燒現象中得知支配宇宙的所有法則」。蠟燭是由固態蠟製成，開始燃燒時，燭芯周圍的蠟就會變成液體。那麼，液態蠟會燃燒嗎？答案是不會，蠟燭之所以會燃燒是因為蠟變成「氣體」。

　　法拉第當時使用 2 根蠟燭進行了簡單的實驗來說明這件事情。我們也和法拉第一樣來試驗看看吧！

在氣體蠟燭上點火

準備物品

● 粗蠟燭

● 細蠟燭（可安全用
手抓取者）

■ 金屬托盤

■ 蠟燭台
（不可有水氣）

■ 點火器

■ 金屬湯匙
（不怕會弄髒的）

■ 溼抹布

步驟

⚠ 請小心用火，實驗結束後必須將火熄滅。
萬一火焰掉落，請用溼抹布掩蓋撲滅。

1 在金屬托盤放上蠟燭台，並且固定一支粗蠟燭。用點火器點火。

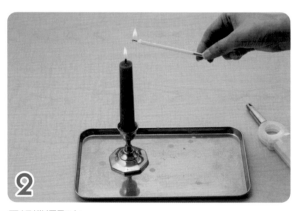

2 用細蠟燭取火。

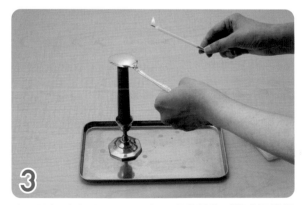

3 讓細蠟燭稍微遠離後，用金屬湯匙蓋住、撲滅粗蠟燭的火焰。

4 立刻再將細蠟燭靠近粗蠟燭上方，距離約 5cm 左右。

　　火焰從細蠟蠋跑到粗蠟燭，看起來好像是火焰會飛一樣。利用智慧型手機的慢速攝影功能拍攝（可參考 P.15），就可確實掌握並了解火焰移動的情形。然而，若是一個人要同時負責實驗與攝影，恐怕會有點危險，請務必找人分工。

　　蠟燭是由固態蠟與棉線交織而成的燭芯所組成。蠟會因為燃燒燭芯所產生的火焰熱氣而成為液態、氣態。在固態蠟與液態蠟狀態下，蠟燭並不會燃燒，而是在成為氣體後才會開始燃燒。

　　吹熄的蠟燭會有一種獨特的味道，那其實是蠟燭成為氣體時的蠟味。

　　粗蠟燭被熄滅後，氣態蠟還留存在空氣中，因此當細蠟燭靠近時，氣態蠟就會起火，看起來頗像是火焰跑到粗蠟燭的燭芯上。

蠟燭燃燒機制（示意圖）

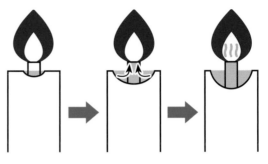

固態蠟因為熱而熔化。

熔化的蠟會產生毛細現象（可參考 P.77）而跑到燭芯上。

液態蠟成為氣體後燃燒。

氣態蠟會存在於剛撲滅的粗蠟燭上方。

在氣態蠟上點火。

彷彿是在粗蠟燭上點火。

如此巨大的撞擊坑
是如何產生的呢？

⏱ **20**
分鐘

仔細觀察滿月，可看到一些陰影。在天文學的世界裡，月球上的陰影被稱作「海」；明亮的部分則被稱作「陸地」或是「高地（terrae）」。

　　大約 40 億年前，月球遭受一些巨大隕石撞擊，因而產生許多巨大的撞擊坑（Impact crater）。之後，月球內部充滿黑色玄武岩的岩漿噴發，填滿了撞擊坑。因此月球海之所以會看起來黑黑的，就是因為玄武岩的關係。

　　我們無法實際看到月球上所產生的撞擊坑，不過卻可以大致重現撞擊坑的形成情形。就讓我們試著使用麵粉、可可粉以及智慧型手機，觀察如撞擊坑般產生的情形吧！

月亮的模樣開始為人所知

　　日本人會說月亮上的陰影像是「在搗麻糬的兔子」。然而，看到的內容像什麼會因國家或區域而異，例如南美洲人會說像鱷魚，阿拉伯則說像是獅子等。

　　2007 年日本種子島宇宙中心發射月球探測機——「輝夜姬號」。在月球上空 100km 處停留約 600 天，觀測從地球角度無法看到的月亮背面。透過「輝夜姬號」取得了各種月球的相關資訊，也發現未來建設月球基地的候選地點等。月球上並沒有兔子，也沒有輝夜姬，但或許有一天人類可以到月球上居住呢！

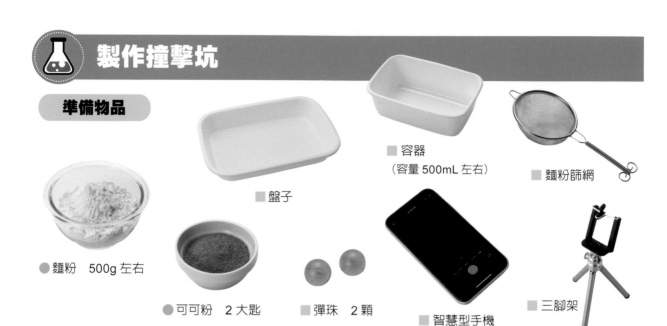

製作撞擊坑

準備物品

● 麵粉　500g 左右

● 可可粉　2 大匙

■ 彈珠　2 顆

■ 盤子

■ 容器
（容量 500mL 左右）

■ 智慧型手機

■ 麵粉篩網

■ 三腳架

步驟

放好盤子，在容器中平整地放入麵粉，高度約 3cm 左右。

利用篩網，確實將可可粉覆蓋在步驟 1 的麵粉上。

將智慧型手機用三角架固定，並開啓慢速攝影模式鎖定步驟 2 所完成的狀態進行拍攝。

讓 1 顆彈珠從 10cm 左右的高度往步驟 2 的成品中落下，接著再從 50cm 處落下。

彈珠撞擊時，下方的麵粉會飛散至可可粉上方。麵粉飛散後所造成的狀態與月球表面的撞擊坑周邊相當類似。

月球表面有許多被隕石等物體碰撞而形成的撞擊坑。隕石撞擊的時速可達十萬公里以上。用這種速度撞擊，往往會因為撞擊而產生高溫與震波，因此，造成的孔洞往往會比原本飛撞而來的隕石更大，周圍還會有岩石碎屑飛散。41～38 億年前，月球與地球曾發生多起天體撞擊事件（Impact event）。

地球上雖然也有許多撞擊坑，但因為被風或雨水沖刷、被河川或海洋流動所填滿，幾乎沒有撞擊坑保留下來。月球上沒有風或水的流動，因此數十億年前撞擊後所遺留下來的撞擊坑都還維持著原狀。

這次實驗中，我們藉由高度變化而改變衝撞時的撞擊力道，是不是會有所不同呢？若可以改變彈珠大小，或是使用同樣大小的彈力球，比較看看應該也會很有趣。

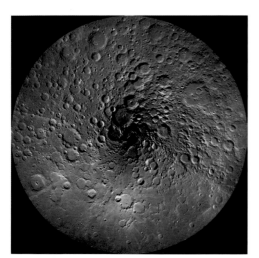

月亮的北極面，可以看到很多撞擊坑。
照片：NASA／GSFC／Arizona State University

照片右側處是月球表面一個新的撞擊坑，其出現不超過 5 億年，仍可看到岩石碎屑飛散的樣子。
照片：NASA／Lunar Reconnaissance Orbiter Camera

外殼去哪兒了？
雞蛋會吸收東西

🕐 **2天**

　　剝開煮好的雞蛋，會發現堅硬外殼下有一層薄膜，那層薄膜稱為「卵殼膜」，是一種用來包覆住蛋白與蛋黃的東西，卵殼膜具有「半透性」性質。話說回來，我們體內細胞全都由具有半透性的細胞膜所包覆著。

　　半透性是什麼呢？只要利用它製作出一顆神奇的「彈力蛋」，就會明白了。如照片所示，我們可以利用雞蛋來製作「彈力蛋」，若想要縮短時間，也可用鵪鶉蛋來進行實驗。

準備物品

●雞蛋

●醋

■ 玻璃容器
（可以放入雞蛋的容器）

步驟

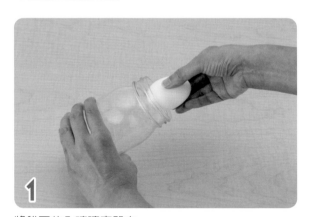

1

將雞蛋放入玻璃容器內。

2

加入醋，直到整顆雞蛋完全浸泡在醋裡。

3

靜置一天。

4

倒掉在容器內的醋，灌入新的醋，再靜置一天。

將雞蛋放入醋中，就會啵啵啵地產生氣體，這是因為蛋殼上的碳酸鈣與醋反應後會產生二氧化碳。在此同時，碳酸鈣也會變成醋酸鈣。碳酸鈣不溶於水，但是醋酸鈣卻溶於水。因此，堅硬的蛋殼就會消失，溶解在醋水中。

雞蛋堅硬的蛋殼內有一層薄皮——「卵殼膜」。蛋殼會被醋溶解，但是卵殼膜不會，所以被卵殼膜包裹住，僅呈現蛋白與蛋黃狀態的雞蛋就會成為一顆「彈力蛋」。

比起有蛋殼包覆，彈力蛋的體積會變得更大，這是因為彈力蛋內吸收了周邊的水分。我們也可試著用濃食鹽水或蜂蜜等方式浸泡彈力蛋，此時，水分會從雞蛋中釋放出來，彈力蛋就會變小，而變小後的彈力蛋再碰到水後，應該又會再變大。為什麼會有如此變化呢？

水分子會為了讓卵殼膜內側與外側濃度相同而出現移動現象。因此，當彈力蛋外側的液體濃度比內側來得高時，水分子就會從內側往外側移動，相反的，當彈力蛋外側的液體濃度比內側低時，水分子就會從外側往內側移動，這種薄膜的性質稱作「半透性」。

雞蛋結構與醋的關係 （示意圖）

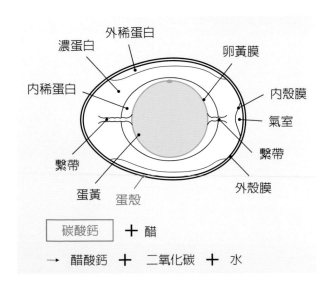

外稀蛋白
濃蛋白
卵黃膜
內稀蛋白
內殼膜
氣室
繫帶
繫帶
外殼膜
蛋黃　蛋殼

碳酸鈣 ＋ 醋

→ 醋酸鈣 ＋ 二氧化碳 ＋ 水

泡在醋裡的雞蛋會產生二氧化碳氣泡。

明明應該要在那裡，
但卻看不到玻璃珠

🕐 **10**
分鐘

　　原本直線前進的光線，一旦碰到東西，就會發生折射、被吸收、反射的情形，我們就可藉由光線折射看到物品的存在。

　　想像一下，一個裝有水的杯子，明明是透明的，我們卻可以知道那裡有個杯子，而且杯子裡有水。當空氣中的光線照射到杯子時，有一部分會被反射出去，因此我們得以知道那裡有一個杯子。光線進入杯內時，會稍微有點被折射，由於二種物質的折射方式不同，所以我們才會知道杯子裡有水。

　　因此，我們可利用光會折射的性質，做出一個看起來「東西怎麼不見了」的實驗。試著讓原本應該無法浮在水中的玻璃珠浮起來吧！

光線的前進速度

　　如果光的前進方向沒有受到任何阻擋，那麼光會直線前進直到遠方。光走 1 年的距離被稱作「1 光年」，距離約是 9.5 兆公里。夜晚星空最閃耀的恆星——天狼星距離地球 8.6 光年，也就是 81.7 兆公里。星光竟然可以從那麼遙遠的距離傳送至地球呢！

製作浮在空中的彈珠

準備物品

● 透明吸水珠（園藝用的高分子吸水珠、消臭球等顆粒較大的高吸水性聚合物）

● 透明容器

● 彈珠

步驟

1

將透明的吸水珠倒入透明容器內，約半瓶滿。

2

在上方加入彈珠。

3

加水直到蓋過彈珠。

解說 為什麼會看不到吸水珠呢？

吸水珠是由聚丙烯酸鈉與水製作而成。聚丙烯酸鈉的結構是由長分子以網狀交織組成。聚丙烯酸鈉的分子非常纖細，我們無法用肉眼看見。

當光線進入同一種物質時，會以直線方式前進，遇到不同物質才會出現折射。穿透至水中的光線遇到吸水珠時，會因為吸水珠的性質幾乎與水無異，所以繼續直線前進。因此我們也不容易看到水中的吸水珠。

而彈珠是用玻璃製成，水與玻璃的性質截然不同，因此穿透至水中的光線在遇到彈珠時就會發生折射，我們就能看到水中的彈珠。

「雖然看不到水中的吸水珠，但卻能看到彈珠」，於是放在吸水珠上方的彈珠，此時看起來就像是浮在水中。

吸水珠與彈珠的視覺路徑 （示意圖）

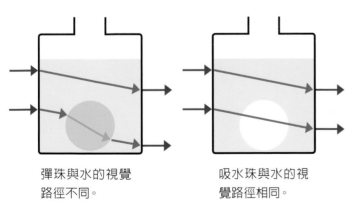

彈珠與水的視覺
路徑不同。

吸水珠與水的視
覺路徑相同。

在此實驗中，我們也可將透明吸水珠
與彈珠交互放入，或是使用有顏色的
吸水珠 (浸在水中，幾乎只能看到模糊
的顏色)。

明明是黑白陀螺，一轉就上色？

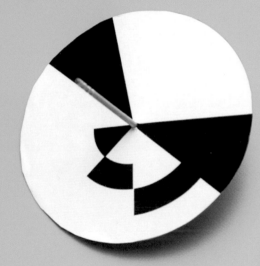

試著在紙上畫出一條橫線，然後在其正下方畫一條等長的橫線，兩條線中間要有一點距離。第一條線繪製開口朝內的箭頭，第二條線繪製開口朝外的箭頭。

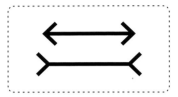

橫線開口朝外的箭頭看起來是不是比較長呢？究竟兩條線的長度是否相同？只要把紙轉 90 度，從縱向再看一次這兩條線，只看中間橫線，長度的確是一樣，但看起來就是覺得長度不同。

這是因為我們「用肉眼看到的東西會經過大腦處理」因而產生「錯覺」。在睫毛擦上睫毛膏，就會讓眼睛看起來變大，這也是因為眼睛被「朝外張開的東西」前後包夾的關係。不僅是大小尺寸會被影響，人眼還會出現看見了「明明沒有的顏色（黑白以外的顏色）」的錯覺。讓我們來試試看即使明明知道「沒有顏色」，卻還是「看得到顏色」的感覺吧！

本納姆陀螺的製作方法

準備物品

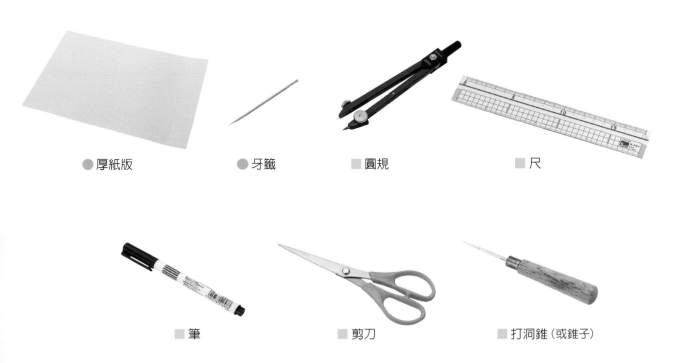

● 厚紙版　　● 牙籤　　■ 圓規　　■ 尺

■ 筆　　■ 剪刀　　■ 打洞錐（或錐子）

使用尖銳物品時，請多加注意。
也可將下圖放大影印後剪下，再貼到厚紙板上。

1 用圓規在厚紙板上畫出一個半徑 4cm 的圓形，中間再畫出 3cm、2cm、1cm 的圓。

2 如圖所示，將部分塗黑。

3 沿著圓圈外側，將圖案剪下來。

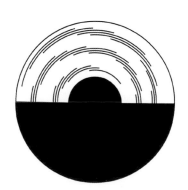

4 用打洞錐在中心點穿洞，並插入牙籤，即可像陀螺一樣轉動。

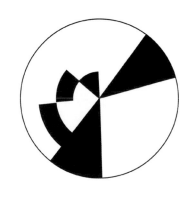
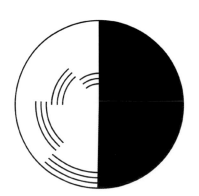

明明只是黑白，轉動後卻能看到其他顏色，還可看到陀螺快速轉動時與慢速轉動時的顏色差異，這種陀螺稱作「本納姆陀螺（又稱本納姆圓盤）」。德國物理學家暨心理學家古斯塔夫・費希納（Gustav Theodor Fechner）提出「轉動黑白圓盤時，可看到不同顏色」後，英國玩具商——查爾斯・本納姆（Charles Benham）即開始銷售陀螺這項玩具，相當受到歡迎。

為什麼可看到顏色呢？據說真正的理由目前仍未充分明朗，但應該是我們肉眼的錯覺。視網膜上的視覺細胞可以用來辨識顏色，當視網膜捕抓到光線後，就會傳送至大腦，但陀螺以高速旋轉時，負責感應顏色的細胞會發生反應落差，因此讓人覺得看到「顏色」。

讓我們再來試做另一個「明明就沒有顏色」的實驗吧！仔細盯著右圖紅色蝴蝶的黑色軀幹部分約 15 秒後，再改看下方只有軀幹部分的圖片，你們是否有看到綠色的翅膀呢？

接著，這次改盯著藍色蝴蝶的軀幹，接著再改看下方只有軀幹的圖片，你們是否有看到橘色的翅膀呢？

明明圖片上沒有顏色，卻會看到原本盯著的顏色的對立色（互補色）。會產生此錯覺的原因在於視覺細胞的作用。連續盯著同種顏色，反應該顏色的視覺細胞就會疲勞，因而啟動原本沒有用到的視覺細胞動作，造成我們會看到對立色。

除了紅色與藍色外，還可看到什麼顏色呢？請務必試著畫畫看吧！

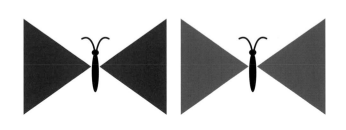

為什麼會染色呢？
彩色大白菜

每到春天就會在河川邊看到的油菜花，其實是一種稱作「西洋油菜」的十字花科植物。在十字花科植物中，除了西洋油菜外，還有大白菜、青稞、高麗菜、花椰菜等。比較上述四種蔬菜，我們所食用的蔬菜形狀各有所不同，但是花朵都是小巧且呈黃色的四片花瓣，和西洋油菜一樣。

植物是從根部吸水，水會通過莖部抵達花和葉子。水並沒有顏色，因此難以看到水會流到何處，但若使用調色水，那麼就能知道水的流通路徑。讓我們製作一個彩色的大白菜，來確認一下吧！

大白菜的出生地

十字花科蔬菜當中，日本國內生產量最大的是蘿蔔、高麗菜，接著就是大白菜。大白菜經常使用於冬季火鍋料理中，原產地在地中海沿岸，據說是明治時期經由中國傳至日本。同樣是十字花科的青稞，雖然自古以來即有食用紀錄，然而令人意外的是和其他蔬菜相較起來卻比較像是新出現的食材。

話說回來，大白菜白皙的莖菜部分經常可以看到「黑點點」，但那其實不是蟲蛀也不是發霉，而是類似於布滿在可可豆或茶葉上的多酚物質，也就是說，食用上絕對沒有問題。

製作彩色大白菜

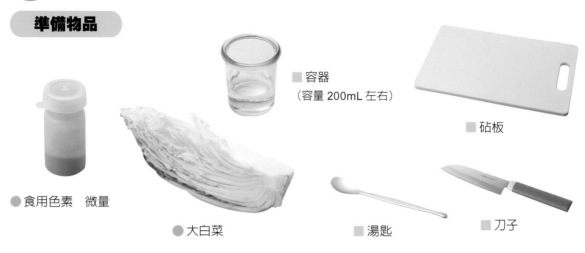

■ 容器
（容量 200mL 左右）

■ 砧板

● 食用色素　微量

● 大白菜

■ 湯匙

■ 刀子

步驟　⚠ 使用尖銳物品時，請多加注意。

1 在容器內加入食用色素後，再加入 100mL 左右的水攪拌均勻。

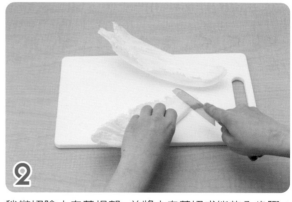

2 稍微切除大白菜根部，並將大白菜切成能放入步驟 **1** 容器內的寬度。

3 將步驟 **2** 的大白菜根部朝下，放入步驟 **1** 的容器內，靜置半天至一天。

變化 若手邊還有其他顏色的食用色素，可試著多做一種顏色比較看看。

大白菜的葉片有顏色了。試著從垂直於白色莖部的方向切開，會發現正中間的部位被染色，那就是水會流通的地方，該通道稱為「維管束導管」。

全世界最高的樹約有 110 公尺，其維管束導管就會從根部連結到最上方的葉片。透過這實驗，我們知道了維管束導管會一直連接到葉子前端。

植物會藉由太陽的光，從水、二氧化碳中產生葡萄糖（光合作用）。由於葡萄糖難以直接被保留，於是大量的葡萄糖會聚合在一起，以澱粉的形式儲存在葉面。之後，轉換為蔗糖，再透過「維管束篩管」運送至花或是根部等處。然後，又會再以澱粉的形式儲存。「篩管」，如其文字所示，管道中有著許多像篩子般的孔洞薄膜，然而，因為「篩」這個日文漢字寫起來有點困難，所以通常在日文中會寫成「師管」。

這個實驗會因為所使用的食用色素種類而有染色容易度的差異。若有不易上色問題，請試著改用其他色素。不僅是大白菜，也可使用芹菜、蘆筍或白玫瑰等。植物的新鮮程度也會影響水分的吸收情形，可以的話，建議使用剛採收下來的蔬菜或花朵做實驗。

光合作用與維管束導管、篩管 （示意圖）

從根部通過維管束導管運送水分。

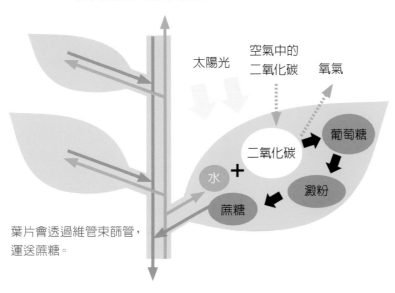

太陽光　空氣中的二氧化碳　氧氣

二氧化碳　葡萄糖

水 ＋ 澱粉

蔗糖

葉片會透過維管束篩管，運送蔗糖。

瞬間變色！從褐色變成藍紫色，再變得透明無色？

馬鈴薯滴到褐色的碘溶液，會產生「碘與澱粉反應」而變成藍紫色。雖然只是一個簡單的實驗，但因為會瞬間變色，感覺就像是一場魔術，不僅可變成「藍紫色」，甚至還可變得「透明無色」。

改用含有碘的漱口水或消毒藥水作為碘溶液，即能輕鬆進行這項實驗。請試著將碘溶液滴在印表紙或報紙上，由於紙上充滿澱粉，就會變成藍紫色。可多多嘗試，除此之外還有哪些東西含有澱粉呢？

顏色會一瞬間發生變化，注意不要錯過囉！

 **改變漱口水顏色**

準備物品

■ 鍋子

■ 玻璃杯

■ 滴管

● 太白粉　1 小匙

● 含碘漱口水　2mL

● 維生素 C 飲料　　■ 小玻璃杯　2 個

■ 長筷

步驟　⚠ 請小心用火。

1

在鍋子內放入 100mL 的水以及太白粉後攪拌均勻。開
小火使其溶解，熄火後靜置冷卻（完成太白粉溶液）。

2

在杯中倒入漱口水，接著加入 100mL 的水（完成碘溶
液）。

3

將步驟 **1** 所完成的太白粉溶液分裝至一個小玻璃杯，
再用滴管滴入步驟 **2** 所完成的碘溶液數滴。

4

在另一個小玻璃杯中分裝步驟 **2** 所完成的碘溶液，再
用滴管滴入數滴維生素 C 飲料。

太白粉是由馬鈴薯澱粉製作而成，澱粉則是由葡萄糖以螺旋結構連結而成。在螺旋結構中放入碘（I_2），碘（I_2）會排成一列，因此看起來會像是藍紫色，這就是碘與澱粉反應。

在碘溶液中加入含有維生素 C 的飲料，又會瞬間變得透明無色，這是因為碘與維生素 C 反應後，會變成碘化物離子。碘在水中是咖啡色，變成碘化物離子（I^-）後，就會透明無色。因「碘與澱粉反應」而變成藍紫色的澱粉溶液中，再加入維生素 C 飲料就會變得無色透明。

既然只要有維生素 C 就可讓碘溶液變透明，那麼我們也可以反過來調查哪些東西中有添加維生素 C。比方說，若在瓶裝茶中滴入碘溶液後會如何呢？

得知維生素 C 存在於許多意想不到的地方後，還可繼續比較需要添加多少碘溶液量才能讓溶液變透明、誰含有較高的維生素 C 劑量等。

碘與澱粉反應 （示意圖）

太白粉所含有的澱粉中，有直鏈澱粉與支鏈澱粉。支鏈澱粉與碘反應時會呈現淡淡的紅紫色，因此整體看起來還是藍紫色。

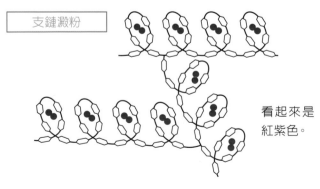

直鏈澱粉　　　　　　　　碘

看起來是藍紫色。

支鏈澱粉

看起來是紅紫色。

瓶裝茶中也充滿著維生素 C。

第4章

....

料理就是
一門科學

1分鐘內冷凍！口感滑順的冰淇淋

20分鐘

在牛奶中加入砂糖或香草精等，放到冷凍庫冷卻、凝固後即可變成冰淇淋，還可以加入果醬等配料，變成自己喜歡的口味，是夏日的人氣手工點心。然而，放置冷凍庫的做法需耗時3小時以上才能完成冷卻，在凝固前若無充分攪拌，口感會變得不夠滑順，好像有點麻煩呢！

若使用「冰淇淋機」製作，就會比用冷凍庫製作的冰淇淋在口感上更為滑順，而且可在短時間內完成。所需物品只有冰塊、食鹽以及一件 T 恤！那麼，要不要一起來做做看呢？

日本的第一個冰淇淋

1869 年（明治 2 年）日本橫濱有人利用冰塊、食鹽製作出了第一個冰淇淋。小小的容器內僅裝了一點點冰淇淋，在當時就要價 2 元日幣，換算成現在的幣值竟然約 8000 日幣！

日本第一次有電燈亮起是在 1882 年（明治 15 年）。之後，電力開始普及，據說到了 1920 年（大正 9 年）才開始透過電力以工廠化方式製作冰淇淋。

做出口感滑順的冰淇淋

準備物品

● 牛奶　200mL

 ● 砂糖　20g

 ● 冰塊（細碎狀）
2 杯左右

 ■ 調理盆

 ■ 打泡器

 ● 食鹽　100g

 ■ T 恤（成人款）

 ■ 夾鏈塑膠袋（大小各 1）

● 香草精　2～3 滴

步驟

⚠ 本實驗最後必須要有 2 人共同完成。

1 在調理盆中放入牛奶、砂糖、香草精。

2 充分攪拌直到砂糖溶解。

3 將步驟 **2** 的成品放入小夾鏈袋中。

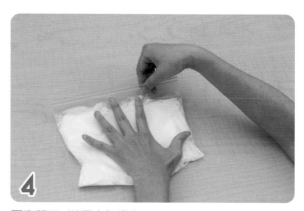

4 壓實開口，避免空氣進入。

在大夾鏈袋中放入冰塊與食鹽。

充分搓揉，讓食鹽均勻散落於整個袋子。

在步驟 **6** 的成品中放入步驟 **4** 的成品。

壓實開口，避免空氣進入。

把步驟 **8** 的成品放入 T 恤內。

將衣服下擺、袖子、領口部位扭緊後，轉動 1 分鐘，取出內容物。

冰塊融化時，會吸收周邊的熱能。把手放在冰塊上，就可確實感受到空氣變冷了吧！那麼，「只有冰塊」與「冰塊＋食鹽」哪一種會融化得比較快呢？試做看看就能立刻得到答案，那就是「冰塊＋食鹽」會融化得比較快，而且，「冰塊＋食鹽」還可讓溫度下降到最低 −15℃。然而，在如此低溫狀態下，為什麼還不會結冰，反而會融化成水呢？真是不可思議啊！

冰塊融化變成水的部分會去溶解食鹽。因此，即使是比 0℃ 更低，也不會結冰。

如果只有水，水分子會聚集在一起成為固態的冰，但是撒上食鹽後，會阻礙水分子的聚集，因此無法結成冰。這樣一來，剩下的冰塊融化時又會奪取周邊的熱能，讓食鹽持續被水溶解，使得溫度不斷下降。

冷凍庫的溫度約 −18℃，不過，只把冰淇淋材料放入冷凍庫一分鐘也不會結冰。「冰塊＋食鹽」的溫度只能達到 −15℃ 左右，為什麼卻可只用一分鐘就使其結冰成為冰淇淋呢？

冷凍庫是利用「冷空氣」冰凍物品，「冰塊＋食鹽」則是利用「液體」來冰凍物品。即使溫度差異不大，氣體與液體的熱傳導方式卻有很大的差異。在液體狀態下，可快速導熱，將熱的變成冷的。

水慢慢結冰時會產生大結晶，快速結冰則會形成小結晶，因此比起用冷凍庫製作冰淇淋，利用「冰塊＋食鹽」製作出的冰淇淋口感反而會比較滑順，原因就在於冰的結晶較小。

水、冰塊、食鹽水的機制 （示意圖）

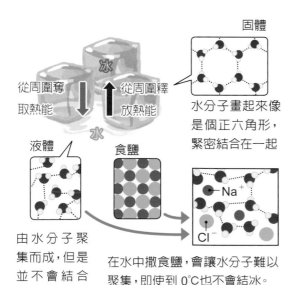

固體

從周圍奪取熱能　從周圍釋放熱能

水分子畫起來像是個正六角形，緊密結合在一起

液體　食鹽

Na⁺
Cl⁻

由水分子聚集而成，但是並不會結合得很緊密。

在水中撒食鹽，會讓水分子難以聚集，即使到 0℃ 也不會結冰。

冰鎮罐裝果汁與罐裝啤酒

　　想要快速冰鎮罐裝果汁與罐裝啤酒時，就可以利用這種「液體熱傳導速度較快」的方法。

　　在下述方法中，來回滾動是一個很重要的步驟。若不滾動罐子就直接放在冰塊與食鹽上，將只會冰凍到容易結冰的「水分」，結果，導致原本罐裝果汁與罐裝啤酒內的各種成分被濃縮、冰凍在一起。一旦冰凍在一起，即使融化也無法恢復原狀，因而破壞其美味，變得不好喝了。

準備物品

- 冰塊（細碎狀）　適量
- 食鹽　適量
- 罐裝果汁（或是罐裝啤酒）
- 盤子

仔細地將食鹽撒在冰塊上。

步驟

1 將冰塊全部放入盤子內，為了整盤都能發揮作用，先大量地撒上食鹽。

2 在上方擺放罐裝果汁，來回滾動約1分鐘。

因為有確實地滾動，飲料的美味度也會急速冰凍、保留起來。

嘴巴裡好涼！
來做汽水糖吧！

⏱ 1天

植物會利用太陽行光合作用，而後產生葡萄糖。由於水果中以葡萄的含量最高，因此便以葡萄糖（grape sugar）命名。

比方說，我們攝取米飯或是馬鈴薯等含有澱粉的食物進入體內後，就會被分解成葡萄糖，作為能量來源。若直接食用葡萄糖，就不需要耗費分解時間，可立即作為能量使用。因此，據說「疲勞時，吃葡萄糖最有效」。

基於該理由，市售彈珠汽水的原料中經常會添加葡萄糖。另一個理由則是將葡萄糖作為彈珠汽水原料有其好處存在。那又是為什麼呢？

可以喝的彈珠汽水

有一種碳酸飲料是在玻璃瓶中放入彈珠，稱作「彈珠汽水」，其語源來自英文「lemonade（檸檬汽水）」。彈珠汽水的製作方法是在明治時期從英國傳至日本。

被當作點心的汽水糖和被當作飲料的彈珠汽水一樣，都帶有微酸、涼爽感，而之所以會酸，是因為含有檸檬酸。檸檬汽水的檸檬當中也含有大量檸檬酸，因此檸檬汽水與汽水糖／彈珠汽水之間的確是有些連結的呢！

準備物品

● 葡萄糖　25g

● 食用色素（粉末狀）
　微量

● 檸檬酸（食用）咖啡
　攪拌棒的 1 匙量

● 小蘇打粉（食用）咖啡
　攪拌棒的 1 匙量

■ 調理碗（可用玻
　璃碗或不鏽鋼碗）

■ 噴瓶

■ 湯匙

■ 模型
　（1mL 左右的量匙）

■ 盤子

步驟

⚠ 請注意不要用手直接抓取檸檬酸。

在調理碗中放入葡萄糖、檸檬酸、食用色素後，攪拌均勻（這時若尚未顯色也不用在意）。

用噴瓶噴水。在步驟 1 的成品中噴水、加溼。按壓成固體狀後，即停止加水（小心不要加太多水）。

在步驟 2 的成品中加入小蘇打粉後放入模型內，壓緊定型。

放置室內一天，使其乾燥。

利用葡萄糖製作的汽水糖，放在口中會覺得冰冰涼涼。葡萄糖具有溶於水時會從周邊吸取熱的性質（吸熱性）。葡萄糖放入口中時，我們之所以會分泌唾液，是因當時口中的熱被葡萄糖所吸取。

口感會覺得冰涼的原因不僅於此。檸檬酸與小蘇打粉（碳酸氫鈉）同時溶於水時會引起化學反應，產生二氧化碳與檸檬酸鈉。這時，會從周邊吸取熱（吸熱反應），所以吃到由葡萄糖製作而成的汽水糖，會有種冰涼感，就是因葡萄糖本身所擁有的吸熱性，以及檸檬酸與小蘇打粉反應後所產生的吸熱反應。

此外，在家中製作汽水糖，若無法使用葡萄糖，也可使用手邊現有的糖粉。根據左頁，使用與葡萄糖相同分量的糖粉進行製作，然後試吃看看，感覺如何呢？

其實並無法像使用葡萄糖製作的汽水糖般達到同樣效果，只有一點點的冰涼感，而且比起使用葡萄糖製作的汽水糖，或許還會比較甜。糖粉是將粗砂糖研磨得更細的粉末，因此主成分其實是「蔗糖」。蔗糖是由比葡萄糖帶有更強烈甜味的「果糖」製成，假設蔗糖的甜味（甜度）是 1，那麼葡萄糖就是 0.6～0.7，果糖則是 1.2～1.5。

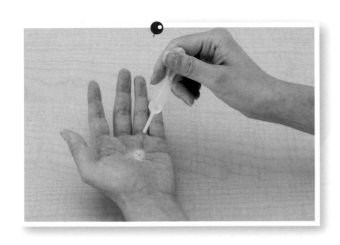

將一點點檸檬酸與小蘇打粉放在掌心，再滴一點水，會感受到一股令人意外的冰涼，這是因為掌心的熱被吸取。測試時請以微量嘗試，不要靠近臉部，結束時充分洗淨雙手。檸檬酸水具有強酸性，若不慎進入眼睛會相當危險。

做出自己喜歡的顏色與形狀！可以吃的寶石

⏱ 3天

琥珀糖是一款帶有透明感、相當受到歡迎的甜點，乃由寒天與砂糖混製而成，據說從日本江戶時代就開始廣為流傳。只利用砂糖與寒天，並沒有顏色，因此古代是利用梔子花的黃色花蕊染成黃色，製作「琥珀羹」、「金玉羹」後販售。現代因為有各種食用色素，所以可製作出黃色以外的琥珀糖。

琥珀糖製作完成後無法立即食用，必須靜置，讓外表出現薄脆感才得以食用，那種薄脆感是砂糖溶解後結晶化的結果（可參考 P.34）。

寒天來自於海藻，砂糖則是由甘蔗等植物製成，兩者的主要成分皆為「多醣類」。明明同樣是「多醣類」，寒天與砂糖卻又是截然不同的物質。為什麼會這樣呢？

琥珀糖的「琥珀」是什麼？

珍貴、美麗、堅硬的「寶石」，如鑽石、藍寶石、紅寶石等，幾乎所有的寶石都是礦物。

不過，自古以來被用來當作裝飾寶石的琥珀，並不是礦物，而是植物所產生的天然樹脂。數千年前的松木、檜木等樹脂被埋在地底下，歷經長久歲月後成為化石。當樹木還生長於地面時，偶爾會有不小心誤入樹脂內的小昆蟲，因此有時候可以在琥珀中發現小昆蟲們的蹤跡。

製作琥珀糖

準備物品

- 寒天粉　4g
- 砂糖（日本上白糖或粗砂糖）　300g
- 食用色素（若使用的是色粉，要先用少量水溶解）　適量
- 鍋子
- 存放容器
- 砧板
- 矽膠鏟
- 竹籤
- 刀子
- 塑膠手套
- 烘焙紙

步驟　⚠ 用火及使用尖銳物品時，請多加注意。

1 在鍋子內放入寒天粉、200mL 的水，開中火，一邊攪拌，一邊加熱。

2 沸騰 2 分鐘後，加入砂糖並充分攪拌均勻。當砂糖溶解並且出現黏性後關火。

3 將步驟 **2** 的成品放入容器內，加入食用色素，並稍微混色。靜置使其冷卻。

4 凝固後，倒在烘焙紙上，進行切割。靜置 2 ～ 3 天，使其乾燥。

寒天是由天草（石菜花）與江蘺科紅海藻製作而成，這些海藻富含人類難以消化的瓊脂糖（agarose）等多醣類（polysaccharide）。寒天由瓊脂糖交織組成，因此水與砂糖會被封住而凝固在其間。

各種醣類結構 （示意圖）

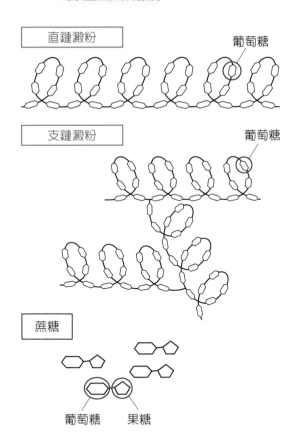

直鏈澱粉
葡萄糖

支鏈澱粉
葡萄糖

蔗糖

葡萄糖　果糖

由於我們人類無法消化多醣體，所以吸收熱量為零，這也是寒天之所以用來減重的理由。

另一方面，過度攝取米飯或砂糖會容易變胖。米飯中含有澱粉，澱粉中含有直鏈澱粉與支鏈澱粉等二種澱粉。直鏈澱粉的葡萄糖會連結成長條狀；支鏈澱粉的葡萄糖連接則會出現分支。然而，不論何種的澱粉顆粒都相當大，我們無法直接攝取用來作為養分，也無法感受其味道。但是，唾液中所含有的澱粉酶及腸道內含有麥芽糖酶等酵素會分解澱粉，將其轉變為葡萄糖後再攝取至體內。米飯之所以會越嚼越香，就是因為唾液中的澱粉酶分解澱粉後變成葡萄糖的關係。

此外，砂糖的主成分是蔗糖。蔗糖進入嘴巴，抵達小腸後會被蔗糖酶這種酵素所分解，而後再分解為葡萄糖與果糖。經過不斷分解，最終被體內所吸收。

製作雨滴蛋糕

3小時

　　看似把水固定住的水滴蛋糕，外觀相當美麗，通常是由即使在夏季室溫也不會融化的寒天製作而成。但是，若想要追求更 Q 彈的口感以及透明度，建議可使用「燕菜膠（agar）」。燕菜膠的主要成分是「卡拉膠」，卡拉膠來自於「角又海藻」及「線形軟刺藻」。

　　燕菜膠的特色是「像果凍般 Q 彈、如寒天般即使氣溫高也不易融化，而且透明度比前述兩者更高」，因此經常用於工廠製造甜點。街邊點心店以常溫販售的「果凍」也幾乎都是使用燕菜膠。現在我們也能在超市等處輕易取得燕菜膠。

準備物品

● 燕菜膠　5g　　　■ 模具（可耐熱者）
■ 鍋子　　　　　　■ 容器
■ 矽膠鏟

超市販售的燕菜膠。

請使用可以翻轉倒出內容物的模具。

步驟

⚠ 請小心用火。

1 在鍋子中放入 250mL 的水與燕菜膠，充分攪拌均勻。

2 開小火繼續攪拌，煮至沸騰 1 分鐘後關火。

3 倒入模型中，使其充分冷卻後，放入冰箱冰鎮。

4 盛入容器。

因為只有水，沒有任何調味，所以可淋上黑糖或黃豆粉後再食用。

製作可食用的彈珠

　　日本有種點心被戲稱為「可以吃的彈珠」，又名「九龍球」。在圓球狀的果凍中放入各色水果，是一種相當有趣的點心。基本上多以寒天製作，但是基於「想做出更透明成品」的理由，也有很多人會使用燕菜膠。

　　雖然也可使用明膠，但是明膠在夏天容易融化，有些水果也無法放入（可參考P.135），所以通常會使用寒天或是燕菜膠。

準備物品

- 燕菜膠　5g
- 砂糖　30g
- 切丁水果　適量
- 蘇打水
- 鍋子
- 模型（耐熱、可製作為球狀的）
- 矽膠鏟
- 容器

寒天、燕菜膠、明膠的差異

	寒天	燕菜膠	明膠
主要原料	天草（石菜花）、江蘺科紅海藻	角又海藻、線形軟刺藻等	牛骨、牛皮、豬皮等
凝固溫度	40～50℃	30～40℃	20℃以下
凝固後再融化的溫度	70℃	60℃	25℃

步驟

⚠ 請小心用火

1 在鍋中放入 250mL 的水、燕菜膠、砂糖，充分攪拌均勻。

2 開小火，煮至沸騰，1 分鐘後關火。

3 在模型內放入切丁水果，倒入步驟 **2** 的成品後使其冷卻，再放入冰箱冰鎮。

4 盛裝在容器內，倒入蘇打水。

在半球模型上多倒一些溶液，接著蓋上另一半的蓋子，即成為圓球狀。

用燕菜膠製作的成品看起來相當美觀，即使在炎熱的夏季也不容易融化。

因為紫色成分
而變色的鬆餅

30
分鐘

可以溶解於水中的東西統稱「水溶液」。例如，可以溶解出醋酸的醋、可以溶解出檸檬酸的檸檬汁、透明餐具專用清潔劑，通通都稱作水溶液。

水溶液可分為「酸性」、「中性」、「鹼性」。通常會利用「紫色高麗菜汁」進行簡單區分。不過，要榨取紫色高麗菜成汁實在有點麻煩，雖然也可用葡萄汁代替，但困難點在於葡萄汁的酸性反應有點不易辨識。

為解決此問題，也可使用經常用於製作甜點的紫薯粉。製作出一個會變色的「紫薯蛋糕」，來觀察從鹼性變成酸性的過程吧！

身邊常見的紫薯

紫薯這種甘藷，不僅是外皮，內餡也全都是紫色的。盛產於日本鹿兒島、沖繩等地。其美麗的顏色與甘甜味，除了可做出許多美味的甘藷料理外，還可用於製作水果塔或冰淇淋等甜點。紫薯粉也是身邊常見的食材，很多人會在家中利用紫薯粉製作甜點。

準備物品

● 鬆餅粉　150g

● 雞蛋　1顆

● 牛奶　120mL

■ 調理碗　2個

■ 平底鍋（使用氟碳樹脂加工款。若要使用鐵鍋，必須先澆油〔材料分量以外〕）

● 紫薯粉　10g

● 檸檬汁　適量

■ 湯杓

■ 打蛋器

■ 鍋鏟

■ 盤子

步驟

⚠ 請小心用火。

1 在一個調理碗中放入鬆餅粉、紫薯粉後，攪拌均勻。

2 在另一個調理碗中打入雞蛋、加入牛奶，充分攪拌均勻。加入步驟 **1** 的成品後，快速攪拌。

3 開小火，在平底鍋中放入一杓步驟 **2** 的成品，等到出現小氣孔後，再翻面。

4 煎熟後關火，從平底鍋中取出。淋上檸檬汁。

在含有紫薯粉的鬆餅粉中加入雞蛋、牛奶,顏色就會從紫紅色變成紫色,煎過的鬆餅則會帶點藍色,最後,淋上檸檬汁則會瞬間變成粉紅色,相當神奇吧!

這是因為紫薯中含有「花色素苷(anthocyanin)」。花色素苷是一種植物色素,酸性時會變紅色;中性時會變紫色;鹼性時則會變成藍色。鬆餅粉中含有弱鹼性的小蘇打粉(碳酸氫鈉),雞蛋也是弱鹼性,在材料中加入黃色的雞蛋,就會成為帶點綠的紫色。

加熱碳酸氫鈉後,則會變化成具有強鹼性的碳酸鈉,花色素苷的顏色也會變得更藍,所以煎好紫芋煎餅時的藍色非常明顯。這時,淋上帶有酸性的檸檬汁,花色素苷就會從藍色變成紫色,然後再變成紅色。

除了紫薯粉,我們還可用其他方式確認這種變化。例如,藍莓中含有紫色的花色素苷,所以使用藍莓的確也會出現前述反應。除此之外,茄子、紫洋蔥等紫色蔬菜都會因為酸性與鹼性而變色。還有,草莓果實含有紅色花色素苷,下次吃草莓時,把草莓稍微壓爛然後撒上小蘇打粉觀察看看吧!

藍莓、茄子、紫洋蔥、草莓等都是富含花色素苷的食材。

好硬～的肉質，該如何軟化呢？

蛋白質、脂肪、碳水化合物都是對我們人類有益的重要營養素。蛋白質是製造肌肉、內臟、毛髮及賀爾蒙、酵素等的重要材料；脂肪是製造細胞膜、神經的材料；碳水化合物則是能量的來源。

蛋白質是由長鏈胺基酸組成，人類無法直接將蛋白質當作營養成分吸收至體內，必須在腸胃中切短，成為胺基酸，而用來切割蛋白質的道具就是「蛋白酶（protease）」。

蛋白酶富含於各式各樣的食物中，這次讓我們試著使用「舞茸菇」來調查蛋白酶的運作方式。

消化蛋白質

我們所攝取的蛋白質會在胃部被「胃蛋白酶（pepsin）」切成小塊。接著，又會在十二指腸被「胰蛋白酶」（trypsin）分解成 1～3 個胺基酸。

現代人可以從肉類、魚類攝取到蛋白質，但在古代則不同。據說江戶時代的成人男性一天要吃 5 杯米，但是米飯中所含的蛋白質相當稀少，所以若不吃到 5 杯米，就無法獲得生存所需的蛋白質。

讓肉質柔軟

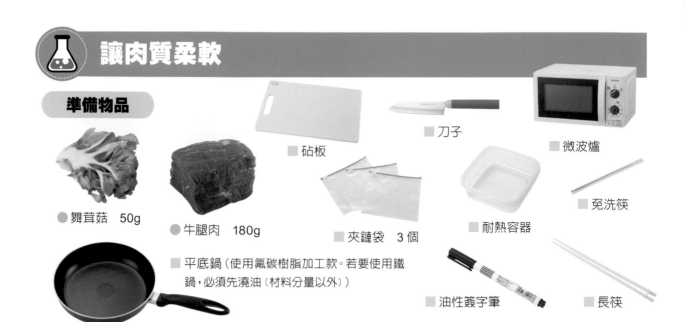

準備物品

● 舞茸菇　50g

● 牛腿肉　180g

☐ 砧板

☐ 刀子

☐ 微波爐

☐ 夾鏈袋　3 個

☐ 耐熱容器

☐ 免洗筷

☐ 平底鍋（使用氟碳樹脂加工款。若要使用鐵鍋，必須先澆油〔材料分量以外〕）

☐ 油性簽字筆

☐ 長筷

步驟

⚠ 用火、使用尖銳物品時，請多加注意。

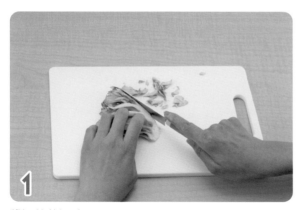

1 將舞茸菇切碎。

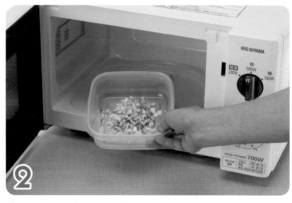

2 將一半已切碎的舞茸菇放入 500W 的微波爐，並加熱 30 秒（另一半先放一旁）。

3 將牛腿肉切成 3 等份。

4 將 1 個夾鏈袋上寫 A，放入步驟 **3** 的其中一份肉。

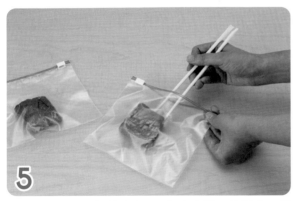

在另一個空的夾鏈袋上寫 B，放入步驟 **3** 的其中一份肉。

將沒有加熱的舞茸菇放入並包裹住 B 的肉。

在另一個空的夾鏈袋上寫 C，放入步驟 **3** 的其中一份肉。

將步驟 **2** 加熱過的舞茸菇放入並包裹住 C 的肉。

靜置 30 分鐘，確認 A ～ C 的肉質柔軟度。

以相同時間，在平底鍋上同時煎那三片肉，再比較其味道與柔軟度。

被末加熱的舞茸菇包裹，肉會變得比較柔軟，為什麼會這樣呢？

蛋白質的英文為「protein」，會把蛋白質切斷的酵素稱作「蛋白酶（protease）」。蛋白酶富含於奇異果、哈密瓜、生薑等。我們體內也有蛋白酶，會將來自於肉類、魚類等的蛋白質切斷後攝取為養分。舞茸菇中也有很多蛋白酶，因此被舞茸菇包裹住的肉質會變軟。

然而，被加熱過的舞茸菇包裹，肉質卻不會變軟，這是因為蛋白酶本身也是蛋白質。生雞蛋本身很柔軟，但加熱後會變硬，乃因雞蛋中的蛋白質形狀會因加熱後而有所改變。舞茸菇加熱後就會改變蛋白酶的形狀，因而難以分解蛋白質。

藉由蛋白酶分解蛋白質　（示意圖）

蛋白酶

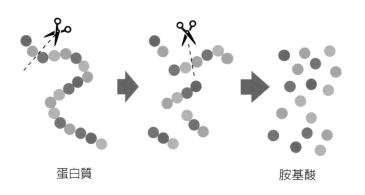

蛋白質　　　　　　　　　胺基酸

肉會呈現紅色，主要是因為有肌紅蛋白（myoglobin：Mb：MB）。烤過就會因為氧化而變成褐色。

含有鳳梨的果凍能凝固嗎？

3小時

　　各位聽說過「用明膠做果凍時，若放的是新鮮鳳梨就不會凝固」這件事情嗎？明膠是由蛋白質製成。鳳梨中含有蛋白酶，因此會分解明膠。然而，若用的是鳳梨罐頭，因為已被加熱過，改變了蛋白酶的形狀，就可放入果凍內。

　　若想要用新鮮鳳梨製作果凍，最好使用燕菜膠（可參考 P.124）。

準備物品

- 明膠粉　2g
- 水（50℃左右）　80mL
- 新鮮鳳梨　3片
- 鳳梨罐頭　3片

- 調理碗
- 矽膠鏟
- 玻璃容器　2個

超市販售的明膠粉。

步驟

1 在調理碗中放入明膠粉，加 1 大匙水，使其膨脹。加入溫水，充分攪拌均勻。

2 在二個玻璃容器內，分別放入步驟 **1** 的成品。

3 其中一杯放入新鮮鳳梨，另一杯放入鳳梨罐頭後，放入冰箱冷卻。

使用新鮮鳳梨（照片左側）與鳳梨罐頭（照片右側）製作同樣的明膠果凍。

新鮮鳳梨無法凝固，鳳梨罐頭才能夠凝固。

有趣的口感！
來做空氣巧克力

60
分鐘

打開巧克力包裝，有時會看到巧克力表面帶有一層白霜。不僅是外觀，味道與口感也不太一樣了，為什麼會這樣呢？

　　那層白霜被稱作「開花（bloom）」，是因為富含於巧克力的油脂在表面發生結晶。巧克力是由可可脂與可可膏、砂糖等製作而成，一旦超過 28℃，巧克力表面的可可脂就會融化，再凝固時就會出現白霜，吃起來的口感也會變差。這時候，就讓我們來吃吃看空氣巧克力吧！

深奧的巧克力世界

　　因為凝固方式不同，可可脂會出現 6 種型態，因而產生不同的結晶形狀或是融化程度等。想要製作出好吃的巧克力，必須進行溫度控制（tempering），先讓可可脂在 45 ～ 50℃狀態下融化，冷卻至 25 ～ 27℃後，再加熱至 31 ～ 32℃，而後再使其冷卻凝固，據說如此一來就能夠讓巧克力的可可脂呈現最佳的 V 型（β / Form V）結晶狀態。

　　可可脂的結晶化在物理學上也是非常有趣的現象，美國普林斯頓大學就有許多喜愛物理學的學生組成一個「巧克力研究社團」。

製作空氣巧克力

準備物品

● 小蘇打粉（食用）
1 / 2 小匙

● 檸檬汁
1 / 2 小匙

■ 拋棄式塑膠手套

■ 微波爐

● 巧克力片　50g

● 蛋塔杯（或是耐熱杯）
約 4 個

■ 耐熱碗

■ 耐熱盤

■ 矽膠鏟

步驟

⚠ 請多加注意避免燒燙傷。

將巧克力片捏碎後，放入耐熱碗中。

用微波爐以 500W 加熱 30 秒。如果巧克力還沒有融化，就再加熱約 10 秒。

加入小蘇打粉攪拌均勻後，再加入檸檬汁攪拌均勻。

分裝至蛋塔杯。

⑤ 先拿一半的蛋塔杯放入微波爐加熱 20 秒，若無氣泡產生就再加熱約 10 秒。

⑥ 待所有蛋塔杯冷卻後再放入冰箱冷藏。吃的時候請確認口感及斷面狀態。

解說 為什麼會有氣泡呢？

用微波爐加熱已添加小蘇打粉與檸檬汁的巧克力後，就會啵啵啵地起泡，這是因為小蘇打粉（碳酸氫鈉）與檸檬汁反應的結果。

如果只在巧克力中加入小蘇打粉，放入微波爐加熱也可製作出空氣巧克力。不過因使用會產生大量氣泡的小蘇打粉，所以同時也會產生大量口感較為苦澀的碳酸鈉。

另一方面，小蘇打粉與檸檬汁反應後會產生檸檬酸鈉、水、二氧化碳，檸檬酸鈉不會有苦澀感，因此添加檸檬汁後就不是碳酸鈉，而是檸檬酸鈉，即可降低苦澀度。

此外，巧克力中富含可可脂，既然油分那麼多，為什麼還能夠和檸檬汁混合在一起呢？

讓我們來看一下巧克力的原料標示，內含「乳化劑」。巧克力中所含的可可脂與砂糖，都是難以與油混合的物質，若強制將它們混合，砂糖與可可膏就會在可可脂中結塊。為了讓可可脂、可可膏、砂糖能夠均勻混合，必須使用卵磷脂等作為乳化劑。卵磷脂是蛋黃等物質中所含有的界面活性劑（可參考 P.155），只要有卵磷脂就可以幫助可可脂與檸檬汁混合。

硬布丁、
軟布丁的區別

硬布丁與軟布丁，你比較喜歡哪一種呢？製作布丁的材料有雞蛋、砂糖、牛奶，口感會因為材料比例不同而有軟硬度的差別。一般來說，想要製作「軟布丁」就要增加蛋黃的比例；想製作「硬布丁」則要增加蛋白的比例；也可只改變砂糖量來調整軟硬度。

砂糖越多會變得越軟，還是越硬呢？請試著猜猜看吧！

以調整砂糖量來改變軟硬度

準備物品

- 雞蛋　1 顆
- 牛奶　100mL
- 香草精　2～3 滴
- 砂糖　6 大匙

■ 調理碗

■ 打蛋器

■ 耐熱杯（75mL 以上）　3 個

■ 湯杓

■ 鋁箔紙

■ 湯匙（大）

■ 小盤子

■ 油性簽字筆

■ 鍋子（含鍋蓋）

⚠ 用火時請多加注意，避免燙傷。

1 將雞蛋打入調理碗，充分攪拌至蛋白消失。

2 加入牛奶與香草精，攪拌均勻。

3 分裝至 3 個耐熱杯。

4 分別在步驟 3 的成品中加入 1 大匙、2 大匙、3 大匙的砂糖後，攪拌均勻。

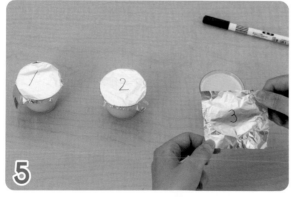

5 準備已寫好「1」、「2」、「3」的鋁箔紙，覆蓋在杯子上，以便區分。

6 將杯子放入鍋中，在鍋中注入與布丁液面相同高度的水，蓋上鍋蓋。

開中火，煮沸 2 分鐘後關火（若無凝固，可以延長加熱時間）。

從鍋中取出杯子，待其冷卻，而後放入冰箱冰鎮 1 小時左右，接著確認三種布丁口感及其軟硬度。

解說　砂糖與蛋白質的關係

「1」號布丁的口感最硬，「3」號布丁最軟。明明只有改變砂糖的量，為什麼會有這種差異呢？

布丁之所以會凝固是因為雞蛋中的蛋白質變形成網狀聚合物，而砂糖會阻礙蛋白質變成網狀，因此加入砂糖會改變其凝固的難易度。不僅是雞蛋的蛋白質，肉的蛋白質也一樣，會因含有砂糖而變得難以凝固。壽喜燒中含有甜甜的砂糖，除了調味外，也可幫助肉質不要變硬。

話說回來，布丁上的焦糖液，即是利用砂糖加熱後會改變性質的原理製作而成。

砂糖加熱到 140℃ 再冷卻後，會出現白色的結晶；加熱到 170℃ 左右則會因為化學反應而變成褐色，進而出現散發香氣的物質，在這種狀態下冷卻就會成為焦糖液。加熱到 190℃ 以上則會燒焦，所以請不要過度加熱。

※ 焦糖液的製作方法
在耐熱容器內加入 2 大匙砂糖、1 大匙水，接著用微波爐 500W 加熱 1 分鐘。因為會很燙，請勿用手直接觸摸。若沒有變成褐色，可再用微波爐以每次 10 秒的方式加熱。請使用隔熱手套等方式取出，再加入 1 大匙熱水。

探索爆米花爆開的祕密

144

基於「即使灑出也很好清理」、「吃的時候不太會發出聲音」、「容易調味」等理由，爆米花經常會在電影院販售。「既然都是用玉米做的，那麼可以拿那種用來水煮的甜玉米做爆米花嗎？」試著把乾燥的甜玉米加熱，就會變得焦黑。為什麼無法用甜玉米來做爆米花呢？

※ 此為爆米花爆開的照片。實際製作時請在平底鍋上加蓋後再加熱。

製作爆米花

準備物品

● 油　1大匙

● 爆米花專用玉米粒　25g

■ 平底鍋（需有玻璃鍋蓋）

步驟

⚠ 用火時請多加注意，關火後不要立刻打開鍋蓋。

1 在平底鍋中倒入油與爆米花專用玉米粒。

2 蓋上鍋蓋。

3 開中火，一邊搖晃鍋子一邊加熱。

4 直到爆裂聲停止後關火，等待1分鐘後再開啟鍋蓋。

爆米花爆開的祕密

要製作爆米花必須使用「爆米花專用玉米粒」，那種「會爆開」的玉米種類。用來水煮食用的玉米（甜玉米）是無法製作爆米花的。

一顆顆玉米粒的外皮上有稱作「纖維素」的膳食纖維，吃了過多玉米會覺得肚子不舒服，就是因為人體其實無法消化纖維素。

甜玉米的纖維素外皮較薄，爆裂種的玉米粒外皮非常厚實。玉米皮內側充滿澱粉和水分，加熱後，水變成水蒸氣，體積就會變成 1700 倍。當玉米皮無法封住水蒸氣時，最後就會一口氣爆開。甜玉米因為外皮較薄，本來就無法封住水蒸氣，所以外皮會在爆開前就先破裂。

爆米花專用玉米粒 （示意圖）

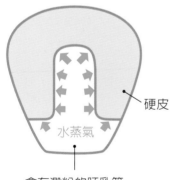

硬皮

水蒸氣

含有澱粉的胚乳等

因為外皮較硬，加熱後內部水蒸氣增加，使得壓力持續擴大，最後爆開。

可以爆開的玉米種類。

來做印度起司
帕尼爾乳酪

2 小時

有些人基於宗教信仰而不食用肉類。比方說，據說印度有四成國民是素食主義者。不過，身為哺乳類的人類，若沒有攝取蛋白質恐怕會無法生存。那麼，素食主義者該如何取得蛋白質呢？

如果完全不攝取動物性食物，就必須大量攝取富含蛋白質的豆類食品。假設可以食用一些「不會流血即可取得的乳製品」，那麼起司就是重要的蛋白質來源之一。

印度、巴基斯坦、伊朗等國家經常食用的一種起司是「帕尼爾乳酪」，非常適合用於沾取咖哩等一起食用，請跟著我們一起試作看看吧！

最早以前，起司是怎麼製造出來的呢？

很久以前，阿拉伯商人會使用羔羊的胃袋做為存放羊乳的袋子，結果發現羊乳竟然會凝固……。據說那就是起司的起源。

羊乳之所以會凝固，是因為胃部消化液——「凝乳酶（rennet）」當中富含「胰凝乳蛋白酶（chymosin）」這種酵素。

以往若想要製作起司必須從剛誕生的小牛胃部取出凝乳酶。但是，現在我們已經可以利用微生物或是基因改造技術製造出凝乳酶。

製作帕尼爾乳酪

準備物品

- 牛奶　1L
- 檸檬汁　2 大匙
- ■ 長筷
- ■ 鍋子
- ■ 調理碗
- ■ 篩網
- ■ 盤子
- ■ 容器（可放入盤子的大小）
- ■ 廚房紙巾（較厚款或是棉布）
- ■ 砧板
- ■ 刀子

步驟

⚠ 用火、使用尖銳物品時，請多加注意。

1 將牛奶放入鍋中，開小火、攪拌均勻。

2 煮到冒小泡泡後，加入檸檬汁攪拌均勻並且關火（不要煮到沸騰），靜置 3 分鐘。

3 出現白色凝塊後，在調理碗上放入篩網，並且墊一張廚房紙巾過濾。

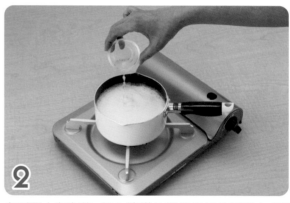

4 直接用廚房紙巾包著，放到盤子上。

⑤ 在容器中加水（使其有重量），直接壓在步驟 4 的成品上。

⑥ 放入冰箱冰鎮 1 小時左右，以去除水氣，再切割成喜歡的大小。

白色凝塊的真實面貌

在加熱過的牛奶中加入檸檬汁，會分離為白色凝塊以及淡黃色液體，那層淡黃色的液體稱作「乳清」。雖然幾乎都是水，但也含有蛋白質，這是具有溶於水性質的「乳清蛋白質」。想要增加肌肉量的健身者們所飲用的「乳清蛋白（whey protein）」就是從乳清中萃取出的蛋白質。

整個牛奶中的蛋白質含量，乳清蛋白占 20%，剩下的 80% 則是「酪蛋白」。酪蛋白不溶於牛奶，會以非常小的凝塊狀分散於牛奶中，這時加入酸性的檸檬汁，酪蛋白就會開始凝結，聚集成為肉眼可見的大小。

凝結時，還會夾帶周邊的脂肪，因此從牛奶中取出的白色凝塊，就是由牛奶中的酪蛋白與脂肪聚集而來，將它們壓實、去除水氣後，就會變成所謂的「帕尼爾乳酪」。

在日本也有一種很受素食者歡迎的食材，那是一種植物種子，當中富含蛋白質與脂肪，可做為固體食用的食物，各位覺得是什麼呢？

答案就是豆腐。將大豆研磨、加熱，再用棉布過濾後即可成為豆漿。豆漿中富含大豆脂肪與蛋白質，加入鹽滷再加熱，待凝固後就會成為豆腐。

無法混合的油與水，
是誰讓你們變成好朋友的呢？

　　「那兩個人根本就像是油跟水」，意思是指「個性不合、互相看對方不順眼、感情很差」。醋本身幾乎是由水組成，若加上油所製成的沙拉醬，即使已經混合過，放置一段時間仍會油水分離。然而，美乃滋也有使用醋與油，放置一段時間後卻依然能夠維持均勻。

　　美乃滋當中不可或缺的是蛋黃，而製作美乃滋最常見的失敗原因就是混合順序。美乃滋當中究竟隱藏著什麼祕密呢？

水與油

　　沾到油的器皿，若只用清水是無法沖洗乾淨的，因為油與水並無法混合在一起，在這時候能發揮功能的就只有清潔劑。只要使用清潔劑（肥皂），就可將油汙清潔乾淨。

　　肥皂是由油脂與氫氧化鈉等強鹼物質反應後製成。相傳肥皂是在古羅馬時期因為祭神燃燒羊脂，偶然與草木灰混雜後製作而成，流傳迄今。木灰呈鹼性。原來如此啊！難怪可以製造出肥皂。

製作美乃滋

準備物品

● 食鹽
1／2小匙

● 油　90mL

■ 調理碗

● 雞蛋　1顆
（新鮮且洗淨的蛋）

● 醋　1大匙

● 黃芥末醬
1／2小匙

■ 打蛋器

步驟

⚠ 若想要食用，完成後就可立刻食用。

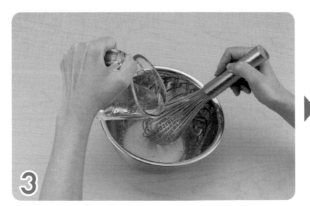

在調理碗中放入雞蛋，充分攪伴均勻。

加入食鹽、醋、黃芥末醬，確實攪拌（使其均勻）。

大約分 10 次加入油，每次僅加入一點點，並且攪拌均勻。

原本應該不互溶的油與水（醋）竟然可以混合在一起。許多物質都具有「雖溶於水，但是不溶於油（水溶性）」，或是「雖然溶於油，但不溶於水（脂溶性）」的性質。

不過，也有些物質在一個分子內同時包含可溶於水的部分（親水基）以及可溶於油的部分（親油基），這種物質稱作「界面活性劑」。所謂「界面」指的是某種均一的固體、液體、氣體，與其他均一固體、液體、氣體接觸的接觸面。無法互相混合的水與油的接觸面也稱作界面，而「界面活性劑」就是能夠在接觸面發揮作用，讓原本無法混合的二種物質混合在一起，讓它們變成好朋友的東西。

雞蛋中所含的卵磷脂就是一種同時具有親水基與親油基的界面活性劑。將界面活性劑放入水中，溶於水的部分會在外側形成球狀，溶於油的部分會在內側形成球狀。另一方面，若是放入油中，則是溶於油的在外側形成球狀，溶於水的在內側形成球狀。

因此，製作美乃滋時，混合的順序就非常重要。一開始要先將醋混入雞蛋，讓卵磷脂與水混合，接著再加入油，油會被卵磷脂包裹住，卵磷脂溶於水的部分會在外側形成球狀，並且分散在水中。

美乃滋中其實含有非常多的油，直接吃 1 大匙的油會感覺非常恐怖，但若是變成美乃滋卻讓人感覺可以輕鬆攝取，其實就是因為油呈現一種浮在水中的狀態。

美乃滋的結構（示意圖）

親油基 ●━ 親水基

水分　油滴　油滴　油滴　油滴　水分

参考書籍

Harold McGee／著、香西みどり／監譯、北山 薫・北山雅彦／譯《マギーキッチンサイエンス》（共立出版、2008年）

照井 俊／著《理論化学の最重点 照井式解法カード 改訂版》（学研教育出版、2013年）

尾嶋好美／著《「食べられる」科学実験セレクション》（SB CREATIVE、2017年）

尾嶋好美／編譯、白川英樹／監修《「ロウソクの科学」が教えてくれること》（SB CREATIVE、2018年）

尾嶋好美／著、宮本一弘／監修《理系力が身につく週末実験》（SB CREATIVE、2019年）

参考論文

郡司博史、石井秀樹、斉藤亜矢、酒井 敏「ミルククラウンに関する研究」（《ながれ 日本流体力学会誌》22巻6號、pp.499〜500、2003年）

後飯塚由香里「官能基による有機物の性質の違い 〜ビタミンB2〜」（《化学と教育》67巻8號、pp.360〜361、2019年）

前田眞治「人工炭酸泉の基礎と医学的効果 美容効果」（《人工炭酸泉研究会雑誌》7巻1號、pp.5〜19、2018年）

Thomas S. Kuntzleman, Andrea Sturgis "Effect of Temperature in Experiments Involving Carbonated Beverages"（*Journal of Chemical Education* 97巻11號, pp.4033〜4038、2020年）

Thomas S. Kuntzleman, Laura S. Davenport, Victoria I. Cothran, Jacob T. Kuntzleman, Dean J. Campbell "New Demonstrations and New Insights on the Mechanism of the Candy-Cola Soda Geyser"（*Journal of Chemical Education* 94巻5號、pp.569〜576、2017年）

荒井朋子「かぐやデータと月試料の融合研究が拓く月科学」
（《地球化学》43巻4號、pp.169〜197、2009年）

小路香織、宮田千恵美、木原健、磯俊樹、大塚作一、Hiroshi ONO「ベンハムのコマで生じる長さ の錯視―白黒変化の白領域に存在する黒線分の特異的伸長の知覚―」
（《映像情報メディア学会技術報告》40巻37號、pp.41〜44、2016年）

夏目みどり「チョコレートの歴史・食文化と機能性」
（《化学と教育》67巻4號、pp184〜185、2019年）

五島義昭、青山英樹、西沢健治、柘植治人「ポップコーンの膨化機構」
（《日本食品工業学会誌》35巻3號、pp.147〜153、1988年）

參考網站

快樂的流動實驗教室 （一般社團法人日本機械學會 流體工學部）
https://www.jsme-fed.org/experiment/

不可思議大發現！試著做做看科學實驗 Vol.1～Vol.3（昭和電工Materials股份有限公司）
https://www.mc.showadenko.com/japanese/sustainability/stakeholder/

Science Buddies
https://www.sciencebuddies.org/

NGK科學網 （日本碍子股份有限公司）
https://site.ngk.co.jp/

正倉院 （日本宮內廳）
https://shosoin.kunaicho.go.jp/

UV硬化的機制 （KLV股份有限公司）
https://www.klv.co.jp/technology/uv-curing-mechanism.html

何謂紫外線 （日本氣象廳）
https://www.data.jma.go.jp/gmd/env/uvhp/3-40uv.html

Lava （Schylling Inc.）
https://www.lavalamp.com/

何謂藤田級數（F級數） （日本氣象廳）
https://www.jma.go.jp/jma/kishou/know/toppuu/tornado1-2.html

宇宙問題箱 （日本國立科學博物館）
https://www.kahaku.go.jp/exhibitions/vm/resource/tenmon/space/

分光宇宙相簿 （日本國立天文台）
https://prc.nao.ac.jp/extra/uos/ja/

讓巧克力變美味的物理知識 （日本大學共同利用法人機構 高能量加速器研究機構）
https://www.kek.jp/ja/newsroom/2013/02/12/1000/

消費者專欄 砂糖的效果與料理 （日本獨立行政法人 農畜產業振興機構）
https://www.alic.go.jp/koho/kikaku03_000120.html

索引

實驗記錄項目　範例

進行實驗時，實驗前後的記錄都應該要保留下來。
這樣一來有助於思考實驗無法順利進行的原因，或是要進行下次
實驗時，就可以告訴其他人「我們其實已經做過哪些內容」。

實驗內容
「做了○○」、「觀察在○○中，進行○○時的差異」等

年月日或時間
需要暫時靜置觀察實驗變化時，也要寫下靜置時間

實驗目的
寫下想要調查什麼

結果預測
寫下想要呈現怎樣的結果

實驗計畫‧方法
可參考本書「準備物品」、「步驟」，並且盡量詳細寫下

實驗結果
寫下什麼東西發生了怎樣的變化。可以的話，盡量附上照片或
是繪圖

個人洞察
寫下對於「為什麼」會有那種結果的個人看法

參考書籍或是網站
準備或是觀察時，如果有不了解的地方往往需要去調查&收集
資料，也可以記錄一下自己看過、參考過哪些內容

國家圖書館出版品預行編目（CIP）資料

在家玩科學實驗圖鑑 / 尾嶋好美作；張萍翻譯 .
-- 初版 . -- 臺中市：晨星出版有限公司, 2023.08
　面；　公分
譯自：おうちで楽しむ科学実験図鑑
ISBN 978-626-320-464-5（精裝）

1.CST: 科學實驗 2.CST: 通俗作品

303.4　　　　　　　　　　112006675

詳填晨星線上回函
50 元購書優惠券立即送
（限晨星網路書店使用）

在家玩科學實驗圖鑑
おうちで楽しむ科学実験図鑑

作者	尾嶋好美
翻譯	張萍
主編	徐惠雅
執行主編	許裕苗
版面編排	許裕偉

創辦人	陳銘民
發行所	晨星出版有限公司
	台中市 407 工業區三十路 1 號
	TEL：04-23595820　FAX：04-23550581
	E-mail：service@morningstar.com.tw
	https：//www.morningstar.com.tw
	行政院新聞局局版台業字第 2500 號
法律顧問	陳思成律師
初版	西元 2023 年 8 月 6 日
讀者專線	TEL：（02）23672044 /（04）23595819#212
	FAX：（02）23635741 /（04）23595493
	E-mail：service@morningstar.com.tw
網路書店	https://www.morningstar.com.tw
郵政劃撥	15060393（知己圖書股份有限公司）
印刷	上好印刷股份有限公司

定價 999 元

ISBN 978-626-320-464-5

Ouchi De Tanoshimu Kagaku Jikken Zukan
Copyright © 2021 by Yoshimi Ojima
Photo: Hiroshi Kono and other / Design: Yuko Nagase (GOBO
DESIGN OFFICE) Originally published in Japan in 2021 by SB
Creative Corp.
Complex Chinese translation rights arranged with SB Creative
Corp., through jia-xi books co., ltd., Taiwan, R.O.C.
Complex Chinese Translation copyright (c) 2023 by Morning Star
Publishing Inc.